Ernst Künzl

Himmelsgloben und Sternkarten

Himmelsgloben und Sternkarten

Astronomie und Astrologie in Vorzeit und Altertum

Von Ernst Künzl

Bibliografische Information **Der Deutschen Bibliothek**
Die Deutsche Bibliothek verzeichnet diese Publikation in der
Deutschen Nationalbibliografie; detaillierte bibliografische
Daten sind im Internet über http://dnb.ddb.de abrufbar

Umschlaggestaltung: Finken & Bumiller, Stuttgart

© Konrad Theiss Verlag GmbH, Stuttgart 2005
Alle Rechte vorbehalten
Die Herausgabe des Werks wurde durch die
Vereinsmitglieder der WBG ermöglicht.
Lektorat: Nicole Janke, Stuttgart
Satz und Gestaltung: DOPPELPUNKT GbR, Leonberg
Druck und Bindung: Druckerei Appl, Wemding
ISBN 3–8062–1859–5

Besuchen Sie uns im Internet: www.theiss.de

Inhalt

Vorwort

Claudius Ptolemaeus, der im Römerreich des 2. Jhs. n. Chr. wirkte, gilt bis heute als größter Astronom des Altertums. Von einem seiner Werke eine neue Handschrift zu finden und damit die materielle Basis unseres Wissens zu verbreitern, ist so wenig wahrscheinlich, dass mit solchen Gedanken nicht einmal gespielt werden kann. Ganz anders sind hier die Chancen der Archäologie. In den letzten zehn Jahren sind allein zwei außergewöhnliche Objekte aufgetaucht, der römische Mainzer Himmelsglobus und die bronzezeitliche Himmelsscheibe von Nebra, welche beide die Kenntnis vorgeschichtlicher und antiker Himmelskunde sehr förderten. Die Scheibe von Nebra erzielte außerdem einen spektakulären Publikumserfolg.

Himmelsgloben und Sternkarten sowie weitere astrologisch und astronomisch interpretierbare Objekte: Dies sind sowohl Themen der Wissenschaftsgeschichte wie auch der Kulturgeschichte und des Verständnisses menschlicher Verhaltensweisen. Im Falle der Astrologie befindet man sich unversehens mitten in der Religionsgeschichte, ist die Astrologie doch bis heute die erfolgreichste quasireligiöse Strömung der Geschichte.

Die Astronomie ist die älteste Naturwissenschaft der Geschichte, und wie bei der Medizin als der ältesten Humanwissenschaft sind auch bei ihr die antiken Autoren unsere wichtigste Quelle. Die archäologischen Monumente und Funde freilich besitzen für die schriftlosen Jahrtausende der Prähistorie ein Monopol, und sie bieten auch in den Zeiten der Hochkulturen Mesopotamiens, Ägyptens, Griechenlands und Roms wesentliche und anschauliche Ergänzungen zur antiken Wissenschaftsliteratur. So ist auf dem Mainzer Globus zum ersten Mal in der Geschichte die komplette Milchstraße eingezeichnet, und das in einer sehr korrekten Form; ein in der römischen Literatur erwähntes und in seinem Namen politisch motiviertes Sternbild („Thron Caesars") erscheint auf dem Marmorglobus Farnese in Neapel; die Auswahl und die Namen der kanonischen 48 Sternbilder beider Hemisphären lassen sich parallel auf den Himmelsgloben wie in der antiken Astronomieliteratur verfolgen.

Die Antike kannte die Kugelgestalt der Erde und damit den Erdglobus als Thema und Möglichkeit, bevorzugte aber in der geographischen Kartographie die flache Landkarte; die erhaltenen antiken Globen sind hingegen alle als Himmelsgloben erklärbar. Das Gegenstück zur Landkarte waren die Sternkarten (Planisphären), Projektionen der Sternbilder auf eine runde Fläche und prachtvolle farbige Dokumente antiker Himmelskunde, die sich vor allem in den mittelalterlichen Handschriften (Codices) der antiken Autoren erhalten haben. Diese und noch zahlreiche weitere Themen werden in diesem Buch behandelt.

Vielfältige Hilfe habe ich bereits bei der ausführlichen Publikation des Mainzer Globus erhalten (s. u. Bibliographie S. 119). Dies kam auch dem vorliegenden Buch zugute. Ich bedanke mich deshalb herzlich bei Ulrich Alertz (Aachen), Rita Amedick (Frankfurt am Main), Isabelle Cervi-Brunier (Genf), Hermann Dobler (Aalen), James Evans (Tacoma), Robert Fleischer (Mainz), Kurt Gschwantler (Wien), Hans Georg Gundel (Gießen), Andreas Hensen (Heidelberg), Olaf Höckmann (Mainz), Margret Honroth (Stuttgart), Annemarie Kaufmann-Heinimann (Basel), Gerhard Klare (Heidelberg), Jean Krier (Luxemburg), Susanna Künzl (Mainz), Paul Kunitzsch (München), Paolo Liverani (Vatikanstadt), Renate Ludwig (Heidelberg), Lucia Marinescu (Bukarest), Joan Mertens (New York), Jan Mokre (Wien), Bernhard Overbeck (München), Gertrud Platz (Berlin), Gabriele Popko (Braunschweig), Klaus Pührer (Salzburg), Ingrid Schoppa (Wiesbaden), Hansjörg Ubl (Bruneck), Dieter Vornholz (Bremen), Jörg Wagner (Tübingen), Elisabeth Walde (Innsbruck), Thomas Zimmermann (Ankara).

Photographien stellten ferner folgende Institutionen zur Verfügung: National Library of Wales Aberystwyth, Diözesanmuseum Bamberg, Staatsbibliothek Berlin, Burgerbibliothek Bern, Bibliothèque Municipale Boulogne-sur-Mer, Sächsische Landesbibliothek Dresden, Römisch-Germanisches Zentralmuseum Mainz, Bayerische Staatsbibliothek München, Louvre Paris, Biblioteca Apostolica Vaticana, Stiftsbibliothek St. Gallen, Österreichische Nationalbibliothek Wien, Staatliche Münzsammlung München, Westermann-Verlag Braunschweig, Kunsthistorisches Museum Antikensammlung Wien.

Mainz, Dezember 2004
Ernst Künzl

Schicksalssterne: Caesar, Christus, Wallenstein

Shakespeare: Hamlet, Erster Akt, erste Szene: Horatio spricht:

Im höchsten palmenreichsten Stande Roms,
kurz vor dem Fall des großen Julius, standen
die Gräber leer, verhüllte Tote schrien
und wimmerten durch alle römschen Gassen;
... feuergeschweifte Sterne, blutger Tau,
Die Sonne fleckig; und der feuchte Stern,
des Einfluß waltet in Neptunus' Reich,
krankt an Verfinstrung wie zum Jüngsten Tag.
(Übersetzung:
August Wilhelm von Schlegel).

Unsere Erde und wir Menschen bestehen aus jenen Elementarteilchen, welche uns mit dem Weltall verbinden; das Universum ist deshalb für uns ein natürlicher Bezugspunkt. Aber auch wenn der einzelne Mensch nichts von diesem Zusammenhang weiß, greift eine urtümliche Angst nach seinem Herz, wenn drohende Zeichen den Himmel beherrschen. Kometen (Abb. 1,1), Sonnenfinsternisse, Mondfinsternisse schüchterten unzählige Generationen ein, die noch durch keine wissenschaftlichen Rundschreiben in der Tagespresse beruhigt werden konnten, wie dies in unseren Tagen bei den Begegnungen der Erde mit dem Halleyschen Kometen (1986) und mit dem Kometen Hale Bopp (1997) geschah. Wenn man jetzt schon weiß, dass der Halleysche Komet im Jahr 2061 in unser Sonnensystem zurückkehren wird, verliert die Erscheinung bereits jetzt jegliche divinatorische Kraft. Der Halleysche Komet ist im Übrigen ein Thema seit dem Altertum: Nicht nur antike chinesische Astronomen berichten, ihn beobachtet zu haben; auch babylonische Astronomen hellenistischer Zeit erwähnen ihn (164 und 87 v. Chr.).

Im Altertum war ein Komet immer etwas ganz Besonderes. Tacitus (Annalen 14, 22): *In jener Zeit* [unter Kaiser Nero] *erschien ein Komet, und das Volk meint in solchen Fällen, dass ein Wechsel in der Regentschaft bevorstehe.* Nach Caesars Tod erschien bei den von Octavian, dem späteren

Augustus, veranstalteten Gedenkspielen für den unter die Götter aufgenommenen Caesar ein Komet, der sieben Tage nacheinander am Himmel leuchtete. Man hielt ihn für die Seele des in den Himmel aufgefahrenen Caesar (*Divus Iulius*). An Caesars Bildnis brachte man über dem Scheitel einen Stern an, das iulische Gestirn genannt (*sidus Iulium*); die Nachricht steht bei Suetonius (Caesar 88) und bei Plinius (nat. hist. 2, 94),

1,1 Der von Donati am 2. Juni 1858 in Florenz entdeckte Komet zur Zeit seines größten Glanzes. Zeichnung M. Eiffler vom Oktober 1858.

1,2 Silbermünze aus dem Jahre 12 v. Chr. Augustus mit dem Ehrenschild setzt einer Statue Caesars das Kometensymbol, den Stern, auf das Haupt.

und wird auf Münzen propagiert (Abb. 1,2). Das Sternsymbol verbreitete sich rasch als Einzelmotiv. Der Stern eines Fingerringkarneols (Abb. 1,3) meint eben diesen caesarischen Kometen, weil er mit einem Schiff und einem Capricorn verbunden ist, den Hinweisen auf das Geburtszeichen des Kaisers Augustus und auf seinen Seesieg bei Actium im Jahre 31 v. Chr. Octavian, seit 27 v. Chr. Augustus genannt, war Caesars Adoptivsohn.

Kometen galten gewöhnlich als Unglücksbringer; doch in einzelnen Fällen hat man sie positiv empfunden, wie eben jenen bei der Feier zu Ehren Caesars oder den großen Kometen von 1811, nach dem man den vorzüglichen Wein von 1811 „Kometenwein" nannte.

Die Magier und der Stern von Bethlehem (Matthäus 2,1–2.9–10): *1. Als nun Jesus geboren war, zu Bethlehem in Judäa, in den Tagen des Königs Herodes, siehe, da kamen Magier aus dem Morgenland nach Jerusalem 2. und sprachen: „Wo ist der neugeborene König der Juden? Wir haben seinen Stern im Osten gesehen und sind gekommen, ihn anzubeten." ... 9. ...Und siehe, der Stern, den sie im Morgenland gesehen hatten, ging vor ihnen her, bis er über dem Orte, wo das Kind war, ankam und stehen blieb. 10. Da sie aber den Stern sahen, hatten sie eine überaus große Freude.*

Die Heiligen Drei Könige waren Magier aus dem Orient (Abb. 1,4). Mit Mágoi (Sing.: Mágos) bezeichnete man die Angehörigen der persischen Priesterkaste sowie allgemein Wahrsager, Zauberer und wie in diesem Falle Astrologen. Für das Phänomen des Sterns von Bethlehem hat man schon seit langem die drei Theorien eines Kometen, einer Nova oder Supernova sowie einer Planetenkonjunktion erwogen. Johannes Kepler, einer der größten Gelehrten deutscher Geschichte, hat in Publikationen der Jahre 1606 und 1613 bereits die Konjunktionsthese vertreten: Das Geburtsjahr Christi ist einige Jahre vor unserem Jahre 1 (ein Jahr Null gibt es ja logischerweise nicht) anzunehmen; der Stern von Bethlehem war vermutlich eine seltene und sehr helle Planetenkonjunktion des Jupiter mit Saturn. Diese war im Jahre 7 v. Chr. dreimal zu sehen, im März, Juli und im November.

Schon in Rom zeigte sich bei Caesars Tod 44 v. Chr., dass die orientalische Idee, die Ankunft eines Erlösers (Heilands) sei mit dem Aufgehen eines Sterns verbunden, Allgemeingut geworden war. Das Gestirn Caesars, das *sidus Iulium*, ein Komet in seinem Todesjahr, erscheint schon im gleichen Jahr 44 v. Chr. auf römischen Münzen. Des Matthäus Bericht steht also in historischer Kontinuität.

Friedrich Schiller, Wallensteins Tod I/7 (Vers 627–638):
Gräfin Terzky spricht zu Wallenstein:

> *Der Augenblick ist da, wo du die Summe*
> *Der großen Lebensrechnung ziehen sollst,*
> *Die Zeichen stehen sieghaft über dir,*
> *Glück winken die Planeten dir herunter*
> *Und rufen: es ist an der Zeit! Hast du*
> *Dein Leben lang umsonst der Sterne Lauf*
> *Gemessen? – den Quadranten und den Zirkel*
> *Geführt? – den Zodiak, die Himmelskugel*
> *Auf diesen Wänden nachgeahmt, um dich herum*
> *Gestellt in stummen, ahnungsvollen Zeichen*
> *Die sieben Herrscher des Geschicks,*
> *Nur um ein eitles Spiel damit zu treiben?*

Friedrich Schiller, Wallensteins Tod III/10 (Vers 1743):

> *Nacht muss es sein, wo Friedlands Sterne strahlen.*

1,3 Ringstein aus Kreta. Schiff, Capricorn und Stern. Karneol. 19 × 27,5 mm. 1. Jh. n. Chr. München, Staatliche Münzsammlung.

Wallenstein (1583–1634), Herzog von Friedland und Generalissimus Kaiser Ferdinands II. in den zentralen Jahren des Dreißigjährigen Krieges, war nur einer jener Herrscher und Heerführer der Neuzeit, die sich wie die Caesaren des Altertums eigene Astrologen hielten. Wallenstein hatte sich von keinem Geringeren als von Johannes Kepler, dem Entdecker der Planetenbahnen (1571–1630), sein persönliches Horoskop stellen lassen. Der Paduaner Giovan Battista Seni, seit 1629 am Hofe Wallensteins, hatte die Aufgabe, detaillierte Tageshoroskope vorzulegen. Wallensteins Politik wie Strategien wurden zunehmend zögerlich und mehrdeutig; er wurde am 25. Februar 1634 in Eger ermordet.

Die Wiege der Astrologie: Mesopotamien

Die Sterne lügen nicht. Die Natur erzeugte des Menschen Hang, die Sterne als göttliche Wesen, deren Sprache man noch dazu entschlüsseln kann, zu betrachten und zu verehren. Die unbestreitbare Wirkung des Laufes der Hauptgestirne Sonne und Mond im Kreislauf der Zeit auf Wachsen, Blühen und Absterben der Natur führte zur Vorstellung, dass auch des Menschen Wesen und Geschick den Gestirnen unterworfen sei.

Die Astrologie ist die wohl erfolgreichste Religion der Weltgeschichte, wenn man sie als Religion in dem Sinne ansieht, dass den Sternen Kräfte zugeschrieben werden, wie man sie nur göttlichen Wesen zuerkennt. Selbst in unserer Zeit sagt jemand wahrscheinlich nicht die Wahrheit, wenn er behauptet, er habe nie ein Horoskop gelesen oder gehört. Triviale, allgemein gehaltene Tageshoroskopsprüche (*„Es ist anzuraten, bei Geldgeschäften vorsichtig zu sein"*) stehen in den Zeitungen neben Alltagssinnsprüchen und Bibelzitaten, die eine letzte Zitadelle der alten Religion zu halten suchen. Wir leben heute in Europa in einer dem Hellenismus und dem Römerreich vergleichbaren Zeit. Damals verloren die Olympischen Götter an Überzeugungskraft und es wurde damit den Mysterienreligionen ebenso wie den Astrologen und Wahrsagern das Tor geöffnet; bei uns haben sich die Astrologen immer noch gehalten, den Platz der antiken Isis- oder Mithrasmysterien nehmen nun

1,4 Die drei Magier aus dem Morgenlande. Mosaik in S. Apollinare Nuovo, Ravenna. Frühes 6. Jh.

freilich esoterische und neoheidnische Strömungen ein.

Die antike Astrologie kam aus dem Orient. Den Griechen war bewusst geblieben, dass sie diese Kenntnisse aus Mesopotamien und Ägypten erhalten hatten; die eigentliche Wiege der Astrologie war Mesopotamien. Die Sterndeuter Babylons haben dieser Geisteswelt den Siegeszug über die Zeiten eröffnet. Im Zweistromland entstand seit dem frühen 2. Jahrtausend v. Chr. ein System der Deutung von Vorzeichen (Omen); die Himmelserscheinungen kündigen Ereignisse auf Erden an. Der Mond und die Mondfinsternisse spielten dabei eine herausragende Rolle. Aus der Vorhersage dessen, was die Gestirne anzuzeigen schienen, entstanden die Horoskope, auch sie ein Beitrag Babylons zur Geistesgeschichte des Menschen, der bis heute fortwirkt.

Astrologen des Altertums

Es lassen sich im Altertum Astronomie und das, was wir Astrologie nennen, nicht klar trennen; auch hat man in der Antike selbst zwischen der Sterndeutung und der wissenschaftlichen Astronomie keinen deutlichen Unterschied gesehen. Die Griechen haben vom 5. Jh. v. Chr. an zwar die Astronomie der Babylonier (Chaldäer) kennen gelernt und viel von ihnen übernommen, freilich am Anfang wenigstens nicht den damit zusammenhängenden astrologischen Aberglauben.

Die Ostfeldzüge des Makedonenkönigs Alexander (336–323) öffneten den Griechen die Welt des Orients. Im nachfolgenden hellenistischen Zeitalter nahmen auch die Erlösungsreligionen und Mysterienkulte einen großen Aufschwung. Es begann die Zeit der ersten astrologischen Fachbücher. Ein Zeitgenosse Alexanders des Großen war der Mardukpriester Berossos aus Babylon; babylonische Kultur, darunter auch Astrologisches, vermittelte den Griechen seine *Ba-*

bylonische Geschichte (*Babyloniaká oder Chaldaiká;* mit Chaldäer meint man immer Babylonier).

Ägypten leistete seinen immer schon gleich nach Babylon eingeschätzten Beitrag; unter dem Namen Nechepso-Petosiris firmiert eine anonyme astrologische Sammlung des 2. Jhs. v. Chr. Im Römerreich des frühen 1. Jhs. n. Chr., also am Beginn der Kaiserzeit, erschien unter dem Namen Marcus Manilius ein astrologisches Lehrgedicht *Astronomica*. Vettius Valens aus Antiochia in Syrien schrieb im 2. Jh. n. Chr. ein Buch über griechische Astrologie. Reiches Material zur spätantiken Astrologie findet sich in der *Mathesis* des Iulius Firmicus Maternus, einem aus Sizilien stammenden Autor des 4. Jhs. n. Chr.

Claudius Ptolemaeus, der Verfasser der *Megále Sýnthesis* (Almagest), des größten astronomischen Werkes des Altertums, ist zugleich mit seinem *Tetrábiblos* (*Vier Bände*) auch einer der größten Astrologen des Altertums. Seine Zeit, das 2. Jh. n. Chr., gilt überhaupt als Höhepunkt antiker Astrologie. Johannes Kepler, der Entdecker der Planetenbahnen, stand also in guter antiker Tradition, als er Wallensteins Geburthoroskop stellte.

Die Tierkreiszeichen (Zodiacus)

Die Ekliptik ist jene Linie am Himmel, welche die scheinbare Wanderung der Sonne im Lauf eines Jahres anzeigt. Der Streifen beiderseits der Ekliptik und mit ihr als Mittellinie ist der Zodiak (griech. *Zodiakos*; lat. *Zodiacus*), der Tierkreis. Er umfasste zuerst elf, dann seit dem 3. Jh. v. Chr. jene zwölf Sternzeichen, die ihn immer noch kennzeichnen: Widder, Stier, Zwillinge, Krebs, Löwe, Jungfrau, Waage, Skorpion, Schütze, Steinbock, Wassermann, Fische.

Die Formulierung des Zodiacus, wie wir ihn kennen, ist eine griechische Errungenschaft; freilich scheinen die Griechen hier viel von den Babyloniern gelernt zu haben. In Babylon, welches in den Jahren kurz vor 400 v. Chr. unter persischer Herrschaft stand, hat man Vorstellungen des Zodiacus entwickelt, die von den griechischen Astronomen Kallipos von Kyzikos und Eudoxos von Knidos weiterentwickelt wurden. Der griechische Historiker Herodot (5. Jh. v. Chr.) sagt zum babylonischen Einfluss auf Griechenland (2, 109): *Denn was die Sonnenuhr und den Schattenzeiger und die Tageseinteilung in zwölf Teile betrifft, so haben dies die Hellenen nicht von den Ägyptern, sondern von den Babyloniern übernommen.*

Die uns geläufigen Zodiaksymbole (Abb. 1,5) sind aber keine antiken Formen, sondern stam-

1,5 Moderne Tierkreissymbole.

Widder	=	♈	Waage	=	♎
Stier	=	♉	Skorpion	=	♏
Zwillinge	=	♊	Schütze	=	♐
Krebs	=	♋	Steinbock	=	♑
Löwe	=	♌	Wassermann	=	♒
Jungfrau	=	♍	Fische	=	♓

men aus dem späten Mittelalter. Das Altertum kannte keine abstrakten Symbole für die zwölf Tierkreiszeichen, sondern stellte sie immer figürlich dar.

Horoskope

Die ältesten aus dem Altertum bekannten Horoskope kennt man aus Babylonien (seit 410 v. Chr.). Zusammen mit den griechischen und den ägyptischen Horoskopen beläuft sich die Zahl auf etwa 220 Belege; die ägyptischen Horoskope stammen aus griechisch-römischer Zeit des 1. Jhs. v. Chr. bis zum Ende des 1. Jhs. n. Chr. Es sind nicht nur Geburthoroskope einzelner Menschen; auch Stadtgründungen oder Krönungshoroskope von Herrschern können das Thema sein.

In der modernen Definition ist das Horoskop die schematische Darstellung des Momentes der Geburt und seiner Konstellationen von Sonne, Mond und Planeten. Den Tierkreiszeichen entsprechen Felder oder Häuser (Abb. 1,10). Dekane sind die Unterteilungen jedes Tierkreiszeichens in drei Teile zu je 10 Grad (*déka*: griech. zehn); ein Tierkreiszeichen umfasst also 30 Grad mit drei Dekanen. Den Tierkreiszeichen werden bestimmte charakterliche Eigenschaften zugeord-

net. In einem genauen Geburthoroskop sind neben den Positionen von Sonne und Mond auch die acht Planeten – außer der Erde – enthalten: Merkur, Venus, Mars, Jupiter, Saturn, Uranus, Neptun, Pluto.

Das Löwenhoroskop vom Nemrud Dağı

Der Löwe ist eines der strahlenden, großen Bilder des Zodiacus. Zu den bekanntesten antiken

1,6 Nemrud Dağı, Osttürkei. Das große Grabmal des Königs Antiochos I. von Kommagene. Westterrasse.

1,7 Westterrasse des Grabmals des Antiochos I. von Kommagene auf dem Nemrud Dağı in der Osttürkei. Sog. Löwenhoroskop.

Darstellungen des Sternbildes zählt das Relief
von der Westterrasse des Grabmals des Antiochos I. von Kommagene auf dem Nemrud Dağı
in der Osttürkei; das entsprechende Relief der
Ostterrasse ist nur in Fragmenten erhalten. Das
Löwenhoroskop genannte Relief zeigt die Konstellation um den 7. 7. 61 v. Chr., als nacheinander Mars, Merkur, der Mond und der Jupiter am
Regulus (α Leo), dem Königsstern (Basiliskos),
vorbeizogen. König Antiochos glaubte, in diesem Moment seinen eigenen Katasterismós zu
erleben, seine Aufnahme unter die kosmischen
Götter (Abb. 1,6–7).

Eine jüngst publizierte Hypothese nennt den
14. Juli 109 v. Chr. als wahrscheinlicheren Ter-
min der hier genannten Konjunktionen; damit
würde man das Ereignis auf den Vater des Antiochos, Mithradates I. Kallinikos, zu beziehen
haben.

Das Relief zeigt den Löwen als Sternbild mit
den über seinen Körper verstreuten Sternen. Die

griechischen Inschriften nennen die Planeten
Jupiter, Merkur und Mars. Es sind dies zusammen mit der Tyche/Fortuna auch die großen
Skulpturen des Grabmals am Nemrud Dağı. Die
ehemals 19 Sterne, die sich neben und auf dem
Löwen verteilen, entsprechen der im Hellenismus bekannten Zahl der Sterne (Stern-
summe) dieses Sternbildes.

Astrologische Würfelbretter

Astrologisches Gerät ist unter den archäologischen Funden sehr rar. Verständlich, denn viele Berechnungen und Diskussionen erfolgten
mündlich oder schriftlich auf Papyrus oder auf
Schreibtäfelchen. Es haben sich jedoch einige
wenige astrologische Würfelbretter erhalten.
Die sog. Tafel Daressy (Abb. 1,8) zeigt innen die
Büsten von Sonne und Mond; es folgt ein klei-
nerer Figurenfries mit dem Dodekaoros (die

zwölf Stunden als Tiere) und außen der Zodiacus, oben beginnend mit dem Widder und dann gegen den Uhrzeigersinn verlaufend. Das Ganze ist in radspeichenartig angeordnete zwölf Radien eingebunden. Mit 25 cm Durchmesser ist diese Steintafel noch recht handlich. Ein zweites vermutliches Würfelbrett dieser Art ist die viereckige sog. Tabula Bianchini im Pariser Louvre, welche ebenfalls das Radialsystem und die Anordnung von Figurenfriesen in den konzentrischen Kreisen aufweist; diese Marmortafel stammt vom Aventin in Rom. Neben den Motiven der Zwölfstunden und eines doppelten Zodiacus erscheinen hier im äußersten Rand in jedem Feld die zugehörigen drei Dekanbilder, verbunden mit den Büsten jener Planetengötter, die den Dekanen zugeordnet sind.

Dem Schema eines modernen Horoskops mit seinem Felder(Häuser)system und der Felderdreiteilung (Abb. 1,10) sind auch die vier Elfenbeintafeln vergleichbar, die man 1967 in einem römischen Brunnen in Grand in Lothringen/Frankreich fand (Abb. 1,9). Die vier Teile fügen sich zu zwei Würfelbrettern gleicher Komposition zusammen, die dann in der Höhe 19 cm und in der Breite je 14 cm, also insgesamt 28 cm betragen.

Die beiden Bretter sind gleich komponiert. Das Schema ist die radiale Anordnung wie an der Daressyschen Tafel (vgl. Abb. 1,8). Im Zentrum stehen die Büsten der Astralgötter Sonne und Mond. Die Mondgöttin Selene/Luna trägt auf dem Scheitel die Halbmondsichel (Lunula). Den Sonnengott Helios/Sol kennzeichnet eine Peitsche, mit der er seine Sonnenrosse antreibt. Der folgende Zodiacus beginnt oben mit dem Widder und läuft gegen den Uhrzeigersinn. Es folgen die Bilder der den jeweiligen Feldern zugehörigen drei Dekane. In den Ecken des Brettes stehen die Winde der vier Himmelsrichtungen in Form vierflügeliger Gestalten, umgeben von großen und kleinen Sternen.

1,9 Astrologisches Würfelbrett. Aus Grand, Dép. Vosges, Frankreich. Elfenbein. H. 19 cm. Br. 28 cm. Exemplar A. Saint-Germain-en-Laye, Musée des antiquités nationales Inv. 83675.

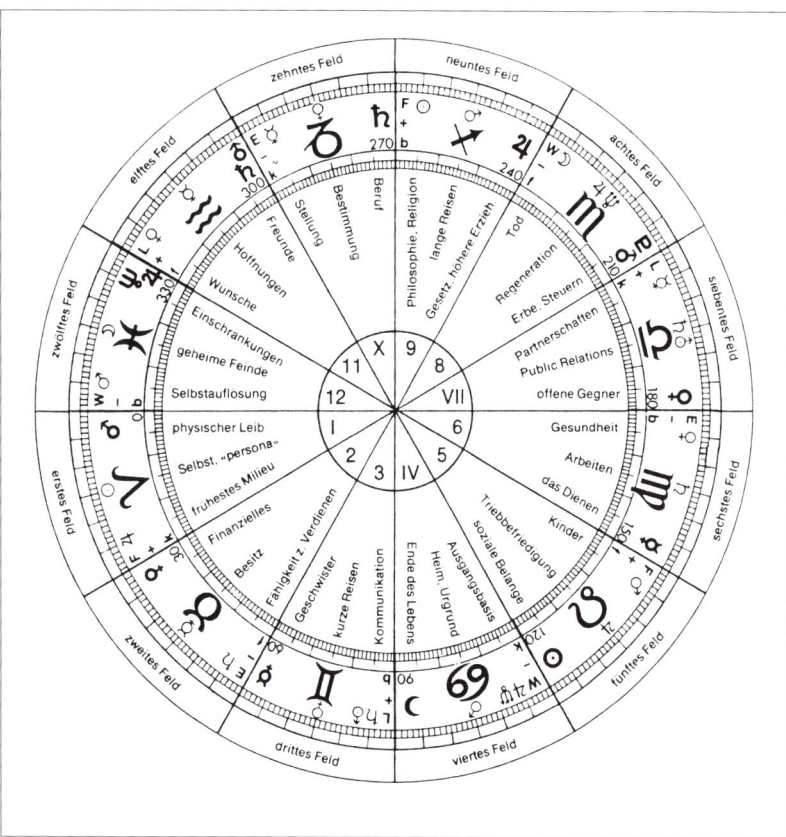

1,10 Die Einteilung in Felder (Häuser) eines modernen Horoskops.

tens im 2. Jh. v. Chr. entstand: Der große Magier und Astrologe, der ägyptische Nektanebos, soll Olympias, Alexanders des Großen Mutter, astrologisch beraten haben; er hatte eine aus Elfenbein, Ebenholz, Gold und Silber angefertigte Tafel mit Sonne und Mond, dem Zodiacus und den 36 Dekanen. Das liest sich wie eine Beschreibung der Würfelbretter von Grand.

Die Täfelchen von Grand sind im 1. Jh. n. Chr. in den Brunnen gelangt. Sie gehören also in die Zeit vom 1. Jh. v. bis zum 1. Jh. n. Chr. Sie sind in dem typischen gräko-ägyptischen Mischstil gearbeitet, welcher viele Produkte der römischen Provinz Ägypten (seit 31 v. Chr.) kennzeichnet. Zum Losorakel oder Würfelorakel brauchte man ein Brett mit dem Fixsternhimmel und dazu acht Würfel mit Sonne, Mond, den Planeten (Merkur, Mars, Venus, Jupiter, Saturn) und den Horoskopos genannten achten Würfel. Aus dem Schema des Würfelwurfes in Bezug auf den Himmel traf der Astrologe seine Vorhersagen.

Eine andere Art Würfel ist der silberne, aus Fünfecken zusammengesetzte und insgesamt ein Zwölfeck bildende Fund aus Genf (Abb. 1,11); die Form nennt man auf Griechisch Pentagondodekaeder. Die zwölf Flächen tragen die Namen der Sternbilder des Tierkreises in lateinischer Sprache. Dieser Dodekaeder ist also kein typischer Planetenwürfel aus dem Würfelorakel; doch ist seine Verwendung in der Astromantik wahrscheinlich. Mit 297 g ist das Stück wegen seines Bleikerns recht schwer; es war höchstens zum Würfeln auf sehr hartem Material wie eben dem Marmor geeignet.

Die Inschriften über den 36 Dekanbildern nennen die Namen der Dekane in griechischer Schrift. Die drei Dekane des Wassermanns (Aquarius) beispielsweise heißen Areboto, Sosomou, Chosar. Die fünf Buchstaben zwischen den Dekanen und den Zodiacuszeichen bezeichnen den jeweiligen Zeichen zugeordnete Planeten.

Spuren von Farben und Vergoldung lassen vermuten, dass die beiden originalen Würfelbretter einen prächtigen Anblick boten. Ein ähnliches astrologisches Brett wird im Alexanderroman beschrieben, einer unter dem Namen des Kallisthenes laufenden Geschichte, die frühes-

1,11 Astrologischer Würfel. Pentagondodekaeder. Römische Kaiserzeit. Aus Genf, Schweiz. Versilberter Bleikern. Dm. 35 mm. 297 g. Genf, Musée d'Art et d'Histoire.

1,12 (rechts) Magische Gemme mit dem hahnenköpfigen Wesen Abrasax (Abraxas). Fundort unbekannt. Jaspis. Inschrift IAO, Magieformel. 3. Jh. n. Chr. Mainz, Römisch-Germanisches Zentralmuseum Inv. O. 34625.

Magische Gemmen

Eines der typischen religiösen Produkte der römischen Kaiserzeit sind die so genannten Magischen Gemmen (Abb. 1,12–13). Vom 1. Jahrhundert an waren diese Erzeugnisse der ägyptischen
Provinzhauptstadt Alexandria im ganzen Reich
verbreitet. Man trug sie als Amulette, frei oder
auch als Fingerringsteine. Die Motive der Steine
mischen ägyptische, griechische und sogar jüdi-
sche Elemente zu einer geheimnisvollen Welt,
welche durch die griechisch geschriebenen Zau-
berformeln verstärkt werden. Das Abrakadabra
dieser Aufschriften ist nicht immer verständlich
und sollte es auch gar nicht sein.

Das Motiv der löwenköpfigen Schlange
Chnoubis (vgl. Abb. 1,13 oben rechts) war ein
Amulett gegen Leberbeschwerden. In diesem
Moment ist auch der astrologische Bezug gegeben, denn die Löwenkopfschlange ist die Dekan-
gottheit Chnum, und die Dekane waren nach
dem ägyptischen Glauben für die einzelnen Kör-
perteile zuständig. Auf der Tafel von Grand erscheint Chnum als dritter Dekan des Löwen (vgl.

1,13 (oben) Magische Gem-
men der römischen Kaiserzeit.
Abrasax/Abraxas; Löwe; löwen-
köpfige Schlange; Anubis; Sol.
Zeichnung Römisch-Germanisches Zentralmuseum Mainz.

1,14 (links) Zauberglobus.
Sonnengott Helios, Löwe u.a.
Aus dem Athener Dionysostheater. Römische Kaiserzeit. Marmor. Dm. 31 cm. Athen, Nationalmuseum.

1,15 Amulettnagel mit den
Tierkreisbildern. Bronze.
L. 7,6 cm. Römische Kaiserzeit.
Kunsthandel 1996.

Kreis-, Pfeil- und Zackenform. Löwe und Schlange sind hier als Sonnentiere gemeint, was beim Löwen schon immer deutlich war, was aber nach antiken Zaubersprüchen auch für die Schlange (drákon) gilt. Ähnlich wie die Magischen Gemmen ist das Werk von Zaubersprüchen überzogen: Neben Helios steht *Mourbe merpherber*, auf der Fackel links vom Löwen liest man *ixidisi*. Zu den verständlichen Wörtern zählt *blépharon* (Augenlid, Auge, übertragen auch Sonne) zwischen Löwe und Schlange.

Dieser Globus aus der römischen Kaiserzeit vermutlich des 2. Jhs. n. Chr. ist die steinerne und mit 31 cm Durchmesser auch recht schwere Version eines im Original kleineren und beweglicheren Zauberglobus, den man für astrologische Séancen brauchte.

Der Bronzenagel unbekannter Herkunft mit den Zodiacusbildern (Abb. 1,15) ist ein Schutzamulett. Einzelne Nägel oder Eisennägel in Zweizahl und Dreizahl sind – wenn nicht irgendwie technisch erklärbar (Holzkiste, Holzsarg etc.) – als intentionelle Beigabe mit Amulettcharakter ansprechbar. Die Frage der eisernen Nägel ist oft diskutiert worden; auch die Nägel in den Hexenflaschen des Mittelalters und der Neuzeit hat man zum Vergleich genannt. Da nicht sicher ist, dass römische Scheiterhaufen genagelt waren, haben die Nägel eine andere Bedeutung. Nicht immer ist klar, ob dem Toten ein Schutzamulett mitgegeben werden sollte oder ob der Tote selbst damit gebannt werden sollte. Weil der vorliegende Zodiacusnagel so gut erhalten ist, dürfte er auch aus einem Grab stammen.

Des Kaisers Astrologen

Der Siegeszug der Astrologie in Rom war seit der späten Republik nicht aufzuhalten, und es spielte dabei keine Rolle, dass sich bedeutende Geister wie Cicero vehement dagegen aussprachen. Octavianus-Augustus (31 v. Chr.–14 n. Chr.) hatte sich vom Astrologen Theogenes sein Horoskop stellen lassen, und als es überaus günstig ausfiel, ließ er es später veröffentlichen (Suetonius, Augustus 94); auch prägte er Münzen mit seinem Geburtsgestirn, dem Steinbock (Capricorn, Abb. 1,16). Schon Caesar hatte Legionen mit dem Totemzeichen des Löwen bedacht. Augustus führte diese Tradition fort; etliche Legionen trugen neben den Adlern als Zeichen den Capricorn, beispielsweise die in Mainz stationierte 22. Legion.

Über des Augustus Körper sollen Muttermale in Form des Großen Bären verteilt gewesen sein

1,16 Augustus als Iuppiter. Vor ihm sein Nativitätszeichen, der Capricornus (Steinbock). Auf der Gemma Augustea. Sardonyx. Um 9 n. Chr. Wien, Kunsthistorisches Museum, Antikensammlung.

Leo; Abb. 1,9). Es ist sogar möglich, dass man Magische Gemmen beim astrologischen Losorakel als Würfel gebrauchte, denn viele von ihnen zeigen auch den Zodiacus.

Amulettnagel und Zauberglobus

Zwei Einzelfunde mögen die schwierige Situation beleuchten, in der sich die Interpretation manchmal befindet. Der marmorne Zauberglobus (Abb. 1,14) aus dem Athener Dionysostheater am Akropolissüdhang zeigt den sitzenden Sonnengott Helios/Sol in einer Archivolte und daneben einen sitzenden Löwen samt einer drohend aufgerichteten Riesenschlange; an anderer Stelle versammeln sich kryptische Zeichen in

(Suetonius, Augustus 80), eine Nachricht, die nur auf engste Hofkreise oder Augustus selbst zurückgehen wird; in der Öffentlichkeit konnte man solch ein intimes Detail ja nicht sehen. Die drei Polarsternzeichen des Großen und Kleinen Bären (Ursa Maior, Ursa Minor) und des Drachens (Draco) spielten als Zirkumpolarsterne in der Astrologie eine bedeutende Rolle. Kaiser Tiberius (Abb. 1,17) hatte sich sogar selbst astrologische Kenntnisse angeeignet, als er noch unter Augustus in den Jahren von 6 v. Chr.–2 n. Chr. im Exil auf Rhodos leben musste. Seinen Leibastrologen Thrasyllos stellte er dort in Rhodos auf eine dramatische Probe, die dieser glänzend bestand, indem er die ihm selbst drohende Lebensgefahr erkannte (Tacitus, Annalen 6, 21). Thrasyllus behielt des Tiberius Vertrauen, auch als dieser Kaiser geworden war (14–37 n. Chr.).

Zu den Paradoxa gehört, dass die römischen Kaiser in der Öffentlichkeit manchmal gegen die Astrologen Stellung bezogen, weil sie diese Informationsquelle dem als Konkurrenz empfundenen senatorischen Adel vorenthalten wollten. Agrippa, engster Mitarbeiter Octavians, vertrieb 33 v. Chr. die Astrologen aus der Hauptstadt (Cassius Dio 49, 43). Weitere Astrologenverfolgungen gab es am Ende der Regierungszeit des Augustus und im Jahre 16 unter Tiberius, was angesichts der Astrologieleidenschaft dieses Kaisers besonders bemerkenswert ist (Tacitus, Annalen 2, 32). Auch Kaiser Vespasian hörte auf Astrologen, verfolgte sie zugleich aber in der Öffentlichkeit. Außer Nerva und Traian scheinen alle römischen Kaiser der ersten beiden Jahrhunderte nach Christus astrologiegläubig gewesen zu sein.

1,17 Tiberius. Porträt aus Ägypten vor seiner Thronbesteigung 14 n. Chr. Marmor. Kopenhagen, Ny Carlsberg Glyptothek. Kopie Mainz, Römisch-Germanisches Zentralmuseum.

2 Die nötigsten Astronomiebegriffe

Mit den Augen des Kindes

Jeder Mensch erlebt als Kind einen prägenden Moment: Er merkt irgendwann zum ersten Mal, dass er auf festem Boden steht, dass sich aber über ihm ein ungeheures Gewölbe auftürmt, ein durchsichtiger Raum, bei Tag erleuchtet von einem strahlenden heißen Himmelslicht, bei Nacht belebt durch Leuchtpunkte aller Art. Und alle diese Himmelskörper bewegen sich; sie durchlaufen alle, ob Sonne, Mond und Gestirne, einen Weg, der sie scheinbar von Osten nach Westen ziehen lässt. Später lernt das Kind dann in der Schule, dass sich nur der nächtliche Mond als Trabant um die Erde dreht, und dass sich außerdem die übrigen Planeten unserer Sonne um diese bewegen; alle Sterne dagegen sind Fixsterne, sind Sonnen wie unsere Sonne, und sie bewegen sich nicht. Unsere Erde dreht und bewegt sich, und spielt uns damit die vermeintlichen Gestirnbewegungen vor.

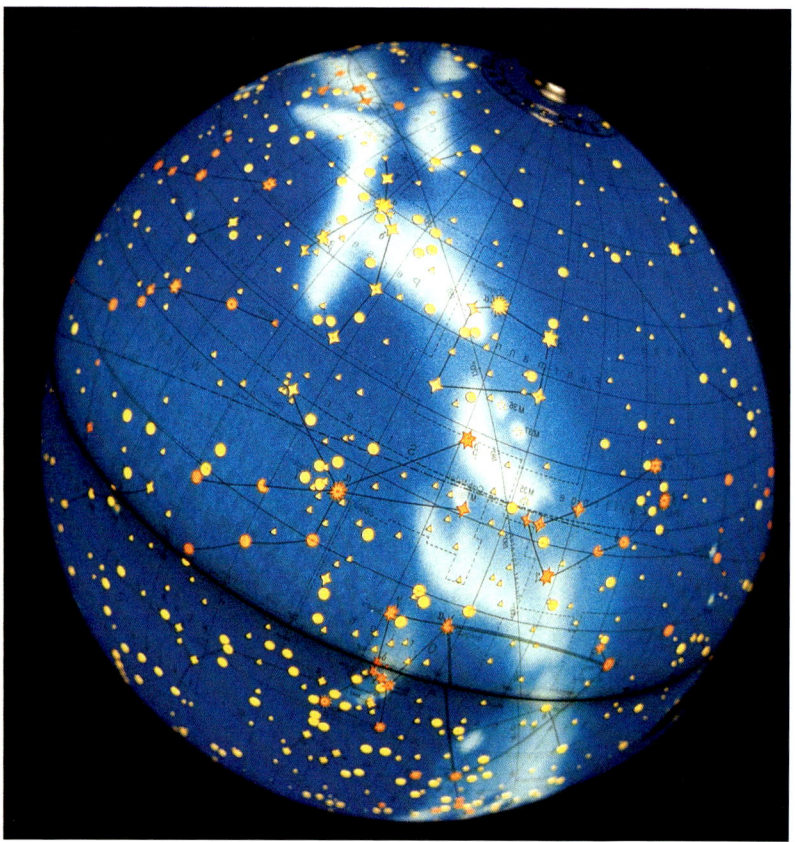

2,1 Milchstraße auf modernem Himmelsglobus. Im Zentrum der Bereich Gemini und Taurus.

Wird das Kind älter, fragt es vielleicht nach dem Wesen jenes schwach leuchtenden, unregelmäßig geformten Streifens quer über das nächtliche Firmament (Abb. 2,1). Wir antworten ihm nicht mehr mit dem Mythos von der vergossenen Milch der Göttin Hera (Juno); seit der griechischen Astronomie des Altertums wissen wir, dass es sich um Abermillionen von Sternen wie unsere Sonne handelt, dass es das Bild einer Galaxie, also eines Milchstraßensystems, einer Sternenansammlung ist, der wir selbst angehören.

Milliarden Galaxien

Später hören wir dann in Schule und Hochschule von der Position unserer Sonne mit unseren Planeten und also auch der Erde fast am Rande unserer Galaxie; wir sehen rekonstruierte Bilder unserer Galaxie, die von der Seite wie ein flacher Diskus, von oben wahrscheinlich wie ein rotierender Feuerball mit einem hell leuchtenden Zentrum erscheint: Wir leben in einer Spiralgalaxie.

Zahlen wie Hammerschläge: Allein in unserer eigenen Milchstraße rechnet man mit gut 200 Milliarden Sonnen. Kann man sich dies schon kaum vorstellen, so überfordert die Vorstellung von einem expandierenden Universum mit wiederum Abermilliarden Galaxien schließlich jedes Menschen Herz, so er denn nicht gelernt hat, diese Schockwellen zu abstrahieren, um mit dem Gefühl der eigenen winzigen Existenz leben zu können.

Erdkugel und Himmelsgewölbe

Angefangen von den unzähligen Generationen von Himmelsbeobachtern seit der Jungsteinzeit hat sich im Laufe der Geschichte ein astronomisches System herausgebildet, mit dem man sich verständigt. Bezugspunkt aller Messungen am Himmel ist für uns Erdenmenschen natürlich unsere Erdkugel. Ihre Messsysteme liefern die Projektion für die Himmelskugel.

Die Vorstellung vom Weltall als einer Himmelskugel erreichte man mit der Projektion des irdischen Globusgradnetzes auf die theoretische Himmelskugelfläche (Abb. 2,2). Der Erdäquator wird zum Himmelsäquator; die Pole werden zu den Himmelspolen im Norden wie im Süden; den irdischen Nord- und Südhalbkugeln entsprechen die nördlichen und südlichen Hemisphären des Sternenhimmels.

Sternpositionen: Äquatorsystem und Horizontsystem

Die Sternpositionen am Himmel verlangen nach einem allgemein akzeptierten Ortungssystem. Man wird beispielsweise in einem modernen Sternkatalog zum Sirius folgende Angaben finden können:

Name	Rektaszension α (Horizontsystem)
α Canis Maioris „Sirius"	α = 6h 45m

Deklination δ (Äquatorsystem)	Datumsbezug
δ = -16° 43'	Äquinoktium 2000

Die kurzen Angaben sagen, dass es sich um den ersten Stern des Großen Hundes (Canis Maior = CMa) handelt, dass sein allgemein gebräuchlicher Beiname Sirius ist, und dass die Angaben sich auf das Jahr 2000 beziehen. Die Position des Sterns ist nach dem Äquatorsystem 16° 43' südlich des Himmelsäquators (δ = -16° 43'); zugleich liegt er nach dem Horizontsystem 6 h 45 m (101° 15') östlich vom Frühlingspunkt (s. u.), der wie ein Nullmeridian zu verstehen ist (Abb. 2,5).

Vereinfacht ausgedrückt hat man mit der Deklination den Winkelabstand des Sterns zum Himmelsäquator nach Norden (δ+) und nach Süden (δ-); mit der Rektaszension hat man den Winkelabstand zwischen dem Stundenkreis (Kolur) des Frühlingspunktes und dem Kolur des betreffenden Sterns, gemessen in Stunden oder Grad. Die Deklination entspricht also im geographischen System der Breitengradzählung, die Rektaszension der Längengradzählung (Abb. 2,3 – 4).

Im Horizontkoordinatensystem heißt ein durch ein Gestirn gehender und mit dem Horizont parallel laufender Kreis Horizontalkreis oder Azimutalkreis. Das Azimut meint den Winkelabstand zwischen dem Südpunkt (oder einem anderen verabredeten Punkt) des Horizonts und

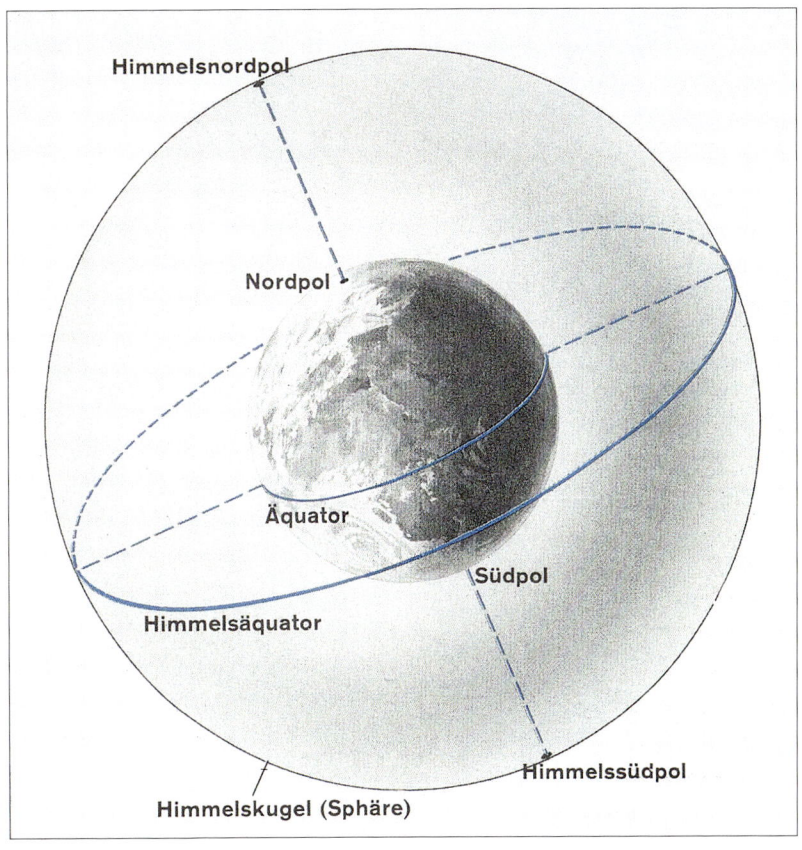

2,2 (oben) Projektion des irdischen Gradnetzes auf das Himmelsgewölbe ohne die Ekliptik.

2,3 (unten) Projektion des irdischen Gradnetzes auf das Himmelsgewölbe mit der Ekliptik.

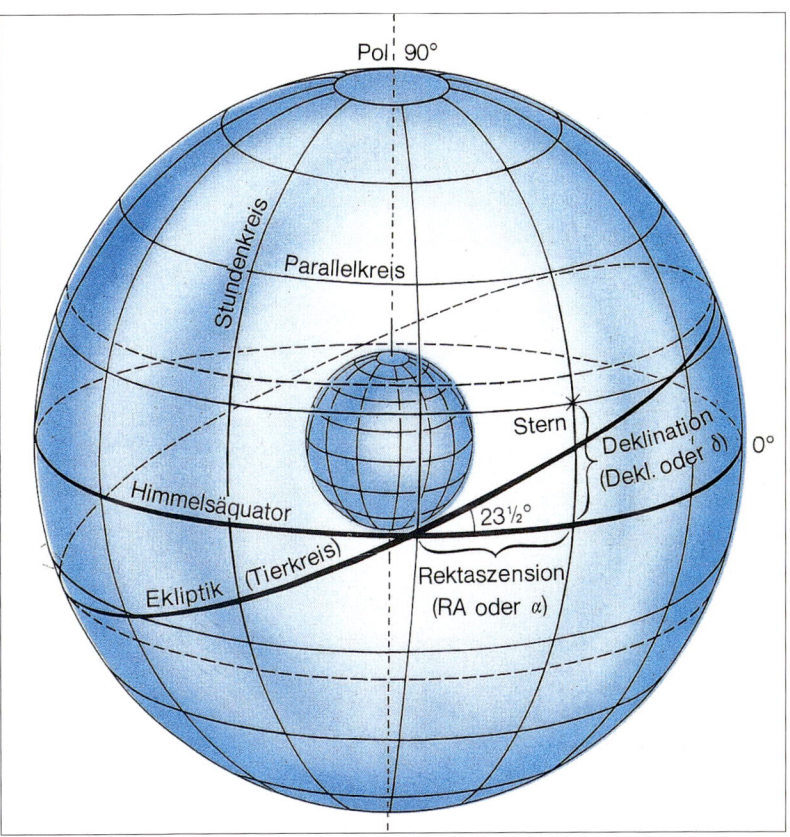

2,4 Das Äquatorsystem (Deklination) und das Horizontsystem (Rektaszension) zur Orientierung am Himmel.

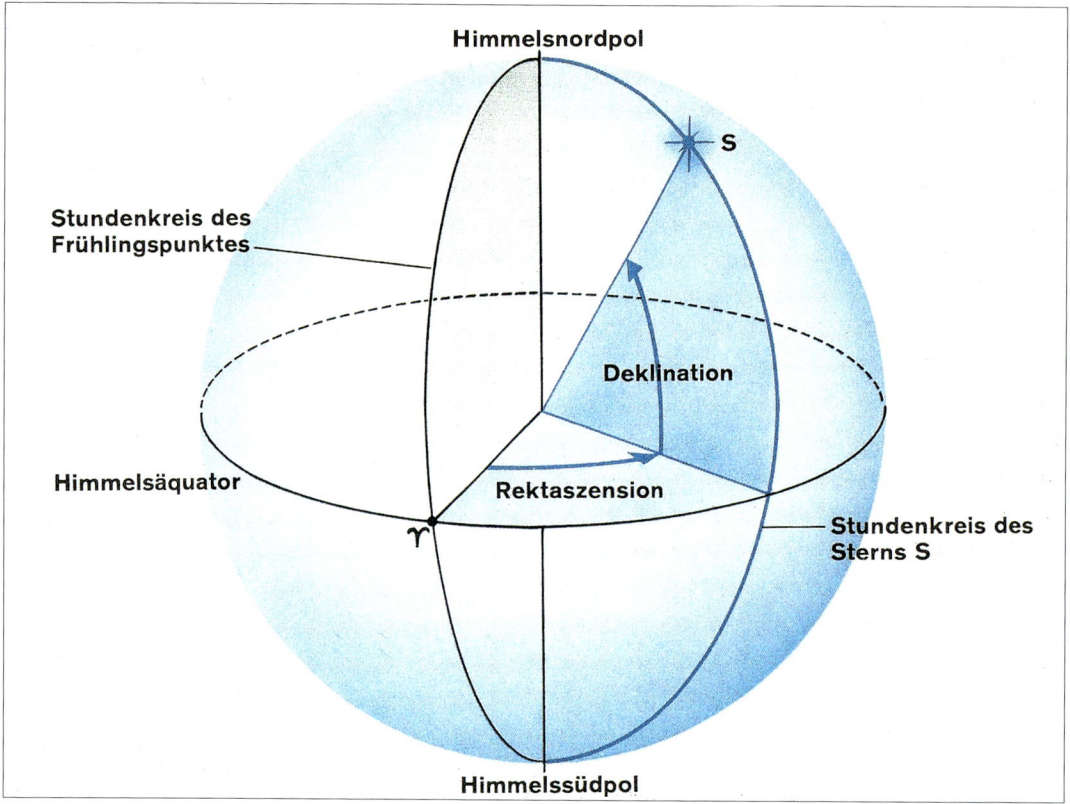

2,5 Himmelsäquator und Ekliptik. Die Erdbahn um die Sonne erzeugt für den irdischen Beobachter den falschen Eindruck, als ob sich die Sonne auf dem Kreis der Ekliptik um das Himmelsgewölbe bewegen würde.

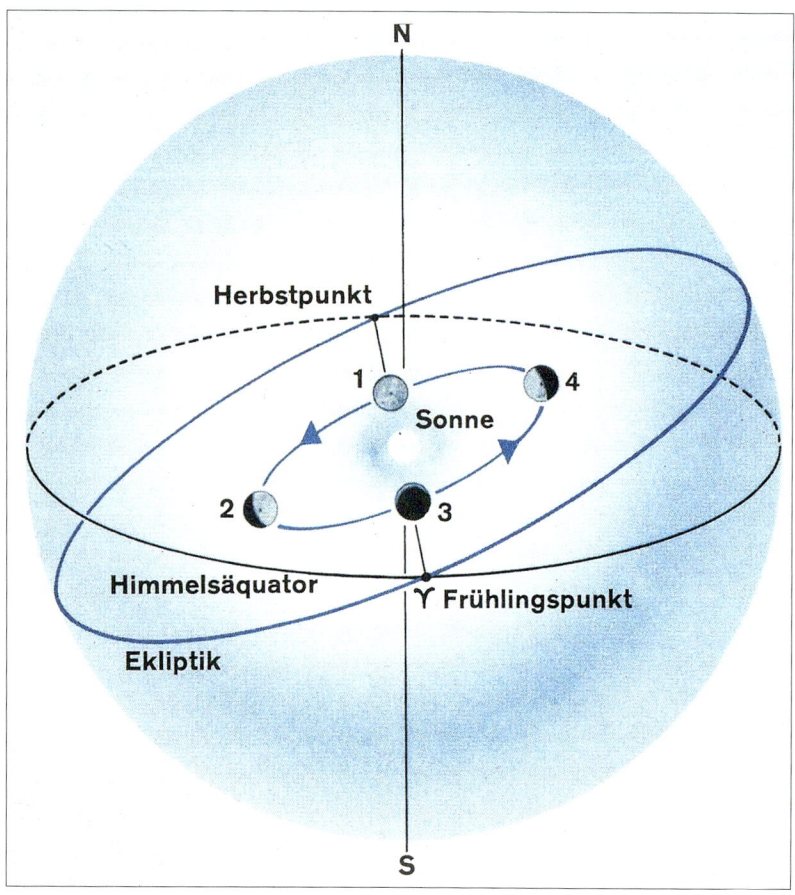

dem Fußpunkt eines durch den Stern gelegten Vertikalkreises. Die Position eines Sterns wird im Horizontsystem immer mit Höhe und Azimut angegeben.

Die einzelnen Sterne werden in den modernen Sternkatalogen mit griechischen Buchstaben für ihre Reihenfolge im Sternbild, mit dem abgekürzten Sternbildnamen und mit einem eventuellen Beinamen bezeichnet:

α CMa (Canis Maior: Großer Hund) Sirius.
β Leo (Leo: Löwe) Denebola.
γ Leo (Leo: Löwe) Algieba.
δ Cap (Capricornus: Steinbock) Deneb Algiedi.
ε Ori (Orion) Alnilam.
ζ Ori (Orion) Alnitak.
η Oph (Ophiuchus: Schlangenträger) Sabik.
usw. im griechischen Alphabet.

Das griechische Alphabet:

Alpha	α A
Beta	β B
Gamma	γ Γ
Delta	δ Δ
Epsilon	ε E
Zeta	ζ Z
Eta	η H
Theta	θ Θ
Iota	ι I

Kappa	κ K
Lambda	λ Λ
My	μ M
Ny	ν N
Xi	ξ Ξ
Omikron	o O
Pi	π Π
Rho	ρ P
Sigma	σ Σ
Tau	τ T
Ypsilon	υ Y
Phi	φ Φ
Chi	χ X
Psi	ψ Ψ
Omega	ω Ω

Die Beinamen sind manchmal lateinisch oder griechisch wie beim Sirius, beim Regulus (Basiliskos), dem Hauptstern des Löwen, oder beim Prokyon, dem sehr hellen Hauptstern des Canis Minor (Kleiner Hund). Häufiger freilich zitiert man die arabischen Sternnamen wie Aldebaran im Stier oder Achernar im Eridanus, auf diese Weise die großen Leistungen der islamischen Astronomen des Mittelalters ehrend.

Die Ekliptik

Die Ekliptik ist die Ebene der Erdbahn um die Sonne (Abb. 2,6). Von außen betrachtet gleicht unser Sonnensystem mit seinen neun Planeten einer (theoretischen) Scheibe mit den Planetenbahnen in Kreisen um die Sonne. Die Erde steht etwas schief zur Ekliptik, ihre Achse bildet einen Neigungswinkel von 23,5° (vgl. Abb. 2,3). Der irdische Betrachter sieht auf der Nordhalbkugel die Sonne wegen dieses Winkels ein halbes Jahr – zwischen dem Frühlingspunkt und dem Herbstpunkt – in einem Bogen nördlich des Äquators, im Halbjahr von Herbst bis Frühjahr dann südlich des Äquators (Abb. 2,7). Der Weg der Sonne schneidet zweimal im Jahr die Äquatorebene: bei den Tagundnachtgleichen (Äquinoktien) des Frühlingspunktes am 21. März und des Herbstpunktes am 23. September. Die Höhepunkte des Sonnenlaufs sind die Solstitien (Sonnenwenden) des Sommers am 21. Juni und des Winters am 21. Dezember.
Von der Erde aus gesehen scheint sich die Sonne in ihrem Weg auf der Ekliptik durch jene zwölf Sternbilder hindurch zu bewegen, welche die Ekliptik bevölkern (vgl. Abb. 2,6). Es sind dies die zwölf Zeichen des Tierkreises (Zodiacus).

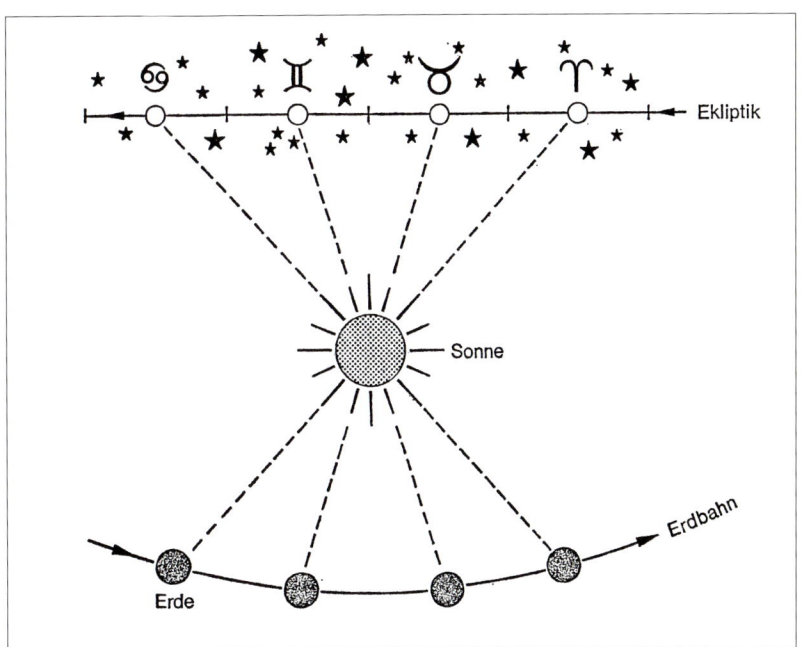

Der Weg der Sterne

Die Erde dreht sich von West nach Ost. Folglich scheinen sich dem irdischen Auge die Gestirne von Ost nach West zu bewegen. Dabei ist jedem Beobachter an jedem Platz der Erde immer die Hälfte des vermeintlich runden Sternenhimmels sichtbar. Der Winkel, in dem man ein Sternbild sieht, hängt von der geographischen Breite des Betrachters ab. Der Weg Orions von Ost nach West ist aus 66° nördlicher Breite (am Polarkreis) flacher als aus 45° nördlicher Breite gesehen (das ist die Höhe von Bordeaux); am Äquator schließlich ist sein Bogen noch höher (Abb. 2,8).

Die antiken Beobachtungsorte der Astronomen dürfen wir auf jeden Fall bis zu einer geographischen Breite von Alexandria in Ägypten einkalkulieren; auch Städte weiter südlich in Ägypten bis zum ersten Katarakt sind als Beobachtungsplatz anzunehmen. Auf den antiken Himmelsgloben ist Eridanus dargestellt, dessen Sonne Achernar weit im Süden liegt (α Eri Achernar δ -57°). Dieser Stern ist freilich erst seit den Jahren um 1500 bekannt; die antike Kenntnis des Eridanus ging bis θ Eridani Acamar δ -50°. Die

2,6 Der vermeintliche Lauf der Sonne durch die Tierkreiszeichen (Zodiacus) der Ekliptik. Je nach Position steht die Sonne dann „im Widder, im Stier, in den Zwillingen, im Krebs" usw.

2,7 Der scheinbare Weg der Sonne auf der Ekliptik mit den Äquinoktien (Tagundnachtgleichen) des Frühlings und des Herbstes sowie den Solstitien (Sonnenwenden) des Sommers und des Winters.

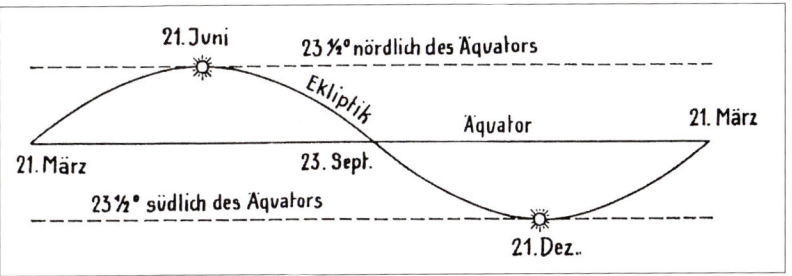

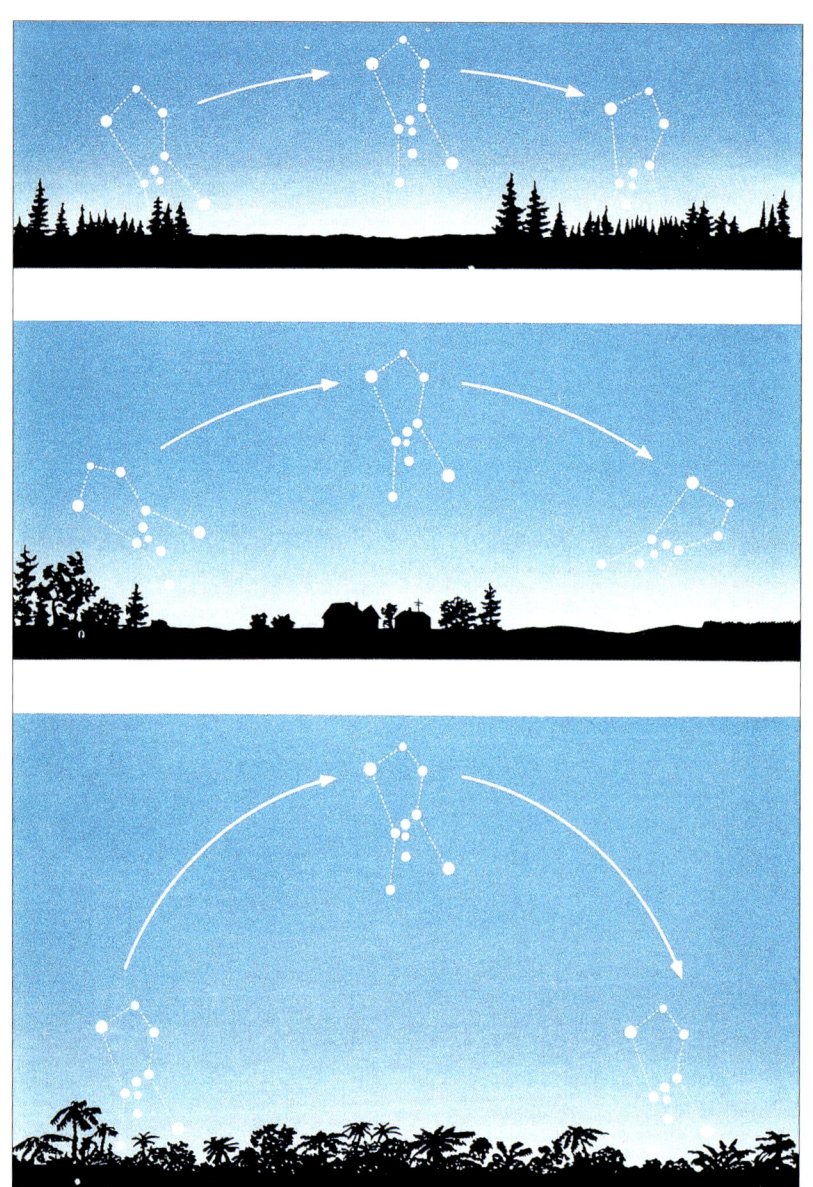

2,8 Orion, gesehen aus 66°
nördlicher Breite (oben), 45°
nördlicher Breite (Mitte) und am
Äquator (unten).

beiden auffälligsten Galaxien in diesem Bereich, die große Magellansche Wolke im Dorado (δ etwa -70°) und die Kleine Magellansche Wolke im Tukan (δ etwa -74°), beide 1519 von Magellan geortet, wurden im Altertum noch nicht gesehen (Abb. 2,9).

Das Kreuz des Südens (Crux; α Cru Acrux δ -63°) war zwischen den Beinen des Centaurus im Süden gerade noch zu sehen (α Cen Toliman δ -61°; es spielte aber im Altertum keine Rolle und seine Sterne wurden von Ptolemaeus in seinem Sternkatalog aus dem 2. Jh. n. Chr. zum Centaurus gezählt (Ptolemaeus, Synt. 8,1).

Auf der Nordhalbkugel gibt es ebenso wie entsprechend auf der Südhalbkugel eine Gestirnzone um die Pole, welche immer sichtbar ist (Abb. 2,10). Im Norden umfassen diese Zirkumpolarsterne, die nie untergehen, die Bilder Cassiopeia, Cepheus, Draco (Drache), Kleiner Wagen (Kleiner Bär; Ursa Minor) und Großer Wagen (Großer Bär; Ursa Maior). Mit langer Belichtungszeit aufgenommene Photographien zeigen die kreisförmige Bewegung dieser Gestirnzone um den Pol herum recht eindrucksvoll (Abb. 2,11).

Je südlicher der Beobachter steht, desto mehr sieht er vom Sternenhimmel. Nur ein Beobachter am Äquator selbst sieht alle Sterne beider Hemisphären (Tabelle 1).

Zodiacus und Präzession des Frühlingspunktes

Die Ekliptik mit ihren 360° wurde schon im Altertum in zwölf Teile zu je 30° eingeteilt. Man begann mit der Zählung der Zodiakalzeichen (Tierkreiszeichen) am Frühlingspunkt, also an dem Punkt am 21. März, an dem die Sonne den

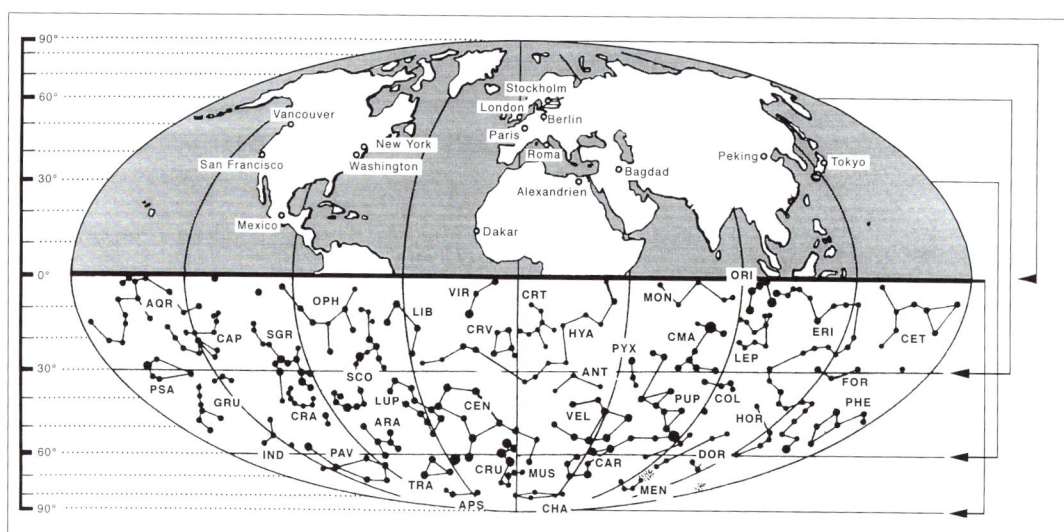

2,9 Die Sichtbarkeit südlicher Sternbilder von der Nordhalbkugel aus.

Geographische Breite	Sichtbarer Sternenhimmel	Immer sichtbar	Zeitweise sichtbar	Immer unsichtbar	Tabelle 1
Nordpol	50 %	50 %	–	50 %	
45° nördliche Breite	85 %	15 %	70 %	15 %	
Äquator	100 %	100 %	–	–	
45° südliche Breite	85 %	15 %	70 %	15 %	
Südpol	50 %	50 %	–	50 %	

Himmelsäquator schneidet. Dies ist das Äquinoktium, die Tagundnachtgleiche des Frühlings (vgl. Abb. 2,7). Im Altertum begann am 21. März das Zeichen des Widders, und bis heute wird deshalb der Frühlingspunkt mit dem Widdersymbol gekennzeichnet; es stellt die stilisierten Widderhörner dar (Abb. 2,12). Die Länge der Zeichen zu je 30° verteilt sich also auf die zwölf Tierkreiszeichen der Ekliptik vom Aries (Widder; 0°–30°) bis zu den Pisces (Fische; 330°–360°).

Die je 30° pro Sternbild werden im Horizontsystem (Rektaszension) auch in Stunden (h) und Minuten (') ausgedrückt, wobei die Angaben als Winkelmaß, nicht als Zeitmaß zu verstehen sind. Die 360° der gesamten Ekliptik entsprechen 24 Stunden, auf jedes Sternbild entfällt also ein Winkel von 2 Stunden. In den Jahren um Christi Geburt lag der Frühlingspunkt im Widder; inzwischen hat er sich in das Zeichen der Fische verschoben. Man sagt noch traditionsgemäß, dass die Sonne am 21. März in das Zeichen des Widders eintritt; dabei ist sie an diesem Tag schon im Zeichen der Fische, dem vorigen Sternzeichen. Der Frühlingspunkt hat sich also vom Widder weg bereits in die Fische verschoben (Abb. 2,12), und er wird irgendwann einmal im Zeichen des Wassermannes (Aquarius) liegen: Es beginnt das von den modernen Esoterikern besungene Zeitalter des Wassermanns.

Der Grund liegt in der so genannten Präzession des Frühlingspunktes. Durch ein kontinuierliches Taumeln der Erdachse verschieben sich der Frühlingspunkt und mit ihm alle Sternbilder der Ekliptik ganz langsam nach vorne. Der ge-

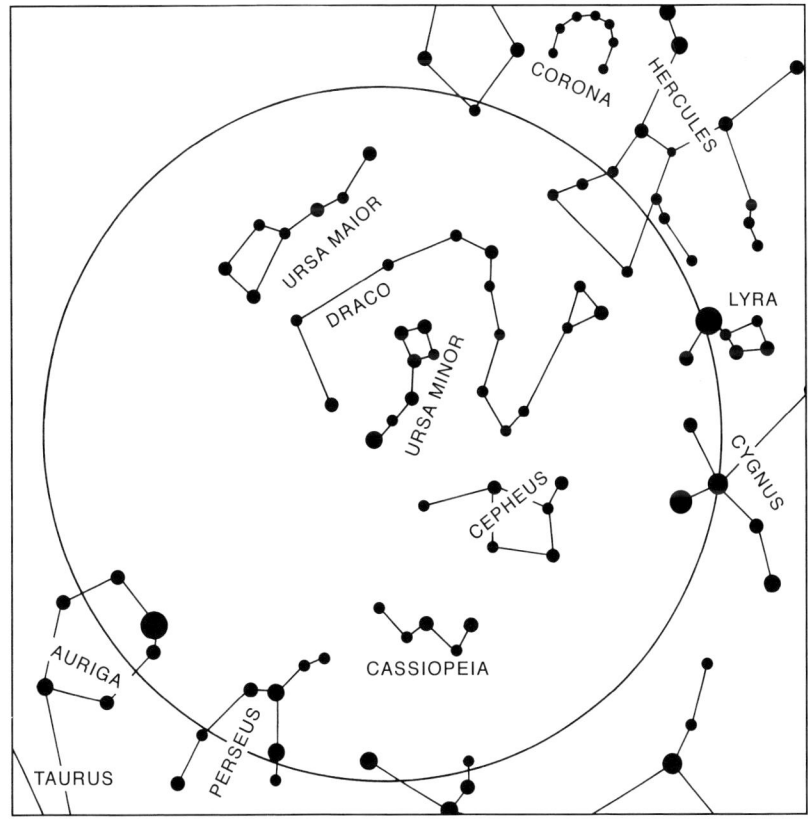

2,10 Sterne, die nie untergehen. Die Zirkumpolarsterne der Nordhemisphäre: Cassiopeia, Cepheus, Draco (Drache), Kleiner Wagen (Kleiner Bär; Ursa Minor) und Großer Wagen (Großer Bär; Ursa Maior).

samte Rundlauf dieses Vorgangs nimmt 25 800
Jahre ein und heißt „platonisches Jahr". Wenn
also der Frühlingspunkt um Christi Geburt am
Widderbeginn lag, dann wird er um das Jahr
25 800 n. Chr. wieder diese Position einnehmen.
In der Zwischenzeit werden sämtliche Ekliptik-
sternbilder in rückwärts gerichteter Reihenfolge
die Ehre gehabt zu haben, den Frühlingspunkt
bei sich zu haben (Abb. 2,13).

Der Entdecker der Wanderung des Frühlingspunktes, der Präzession, ist der griechische Astronom Hipparchos von Nikaia (im nördlichen
Kleinasien). Er hat sich mit dieser Erkenntnis
einen Platz unter den größten Gelehrten aller
Zeiten verdient. Die Erdachse steht in einem
schrägen Winkel von 23,5° zur Ekliptikachse. Auf
die Erdrotation, die damit schräg zu den Gravi-
tationskräften der Ekliptikachse mit der Sonne

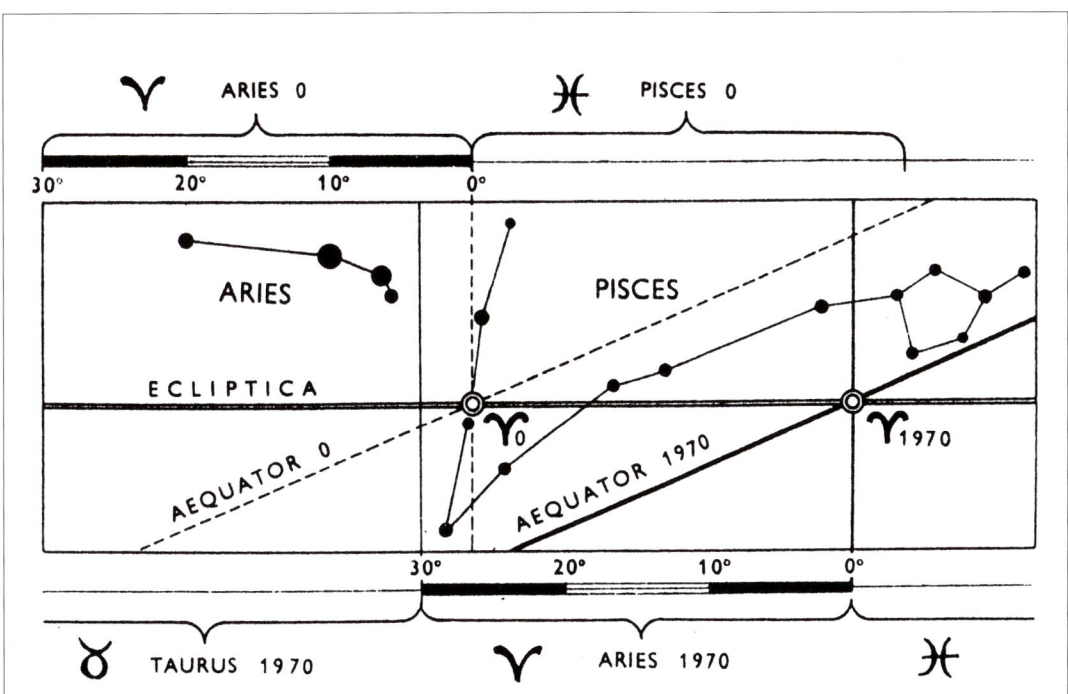

2,12 Verschiebung des Frühlingspunktes zwischen den Jahren um Christi Geburt und dem Jahre 1970.

2,13 Die Präzession des Frühlingspunktes in einem platonischen Jahr von 25 800 Jahren.

und den Planeten steht, nehmen diese einen dauernden Einfluss. Sonne und Planeten versuchen mit ihren Kräften gleichsam dauernd die schräge Erdachse an die Ekliptikachse heran zu zwingen. Aus dem Zug dieser Kräfte ergibt sich, dass die Erdachse leicht aus ihrer Bahn gedrängt wird, zugleich aber wieder in ihre eigene Bahn zurückkehrt: Es entsteht ein Taumeln der Erdachse. Dieses Taumeln führt dazu, dass die Erdachse innerhalb von 25 800 Jahren wieder in ihre Ausgangsstellung zurückkehrt. Durch diese Präzession läuft der Frühlingspunkt ungefähr alle 2000 Jahre in ein anderes Sternbild zurück (Abb. 2,12). Um Christi Geburt lag er im Widder, jetzt hat er die Fische erreicht und wird in der Zukunft das Zeitalter des Wassermanns bestimmen.

Den Präzessionskreis überlagernd hat man kleine Nutationsbewegungen registriert (vgl. schwarze Wellenlinie in Abb. 2,13); der Ausdruck (von lat. nutare = nicken) bezeichnet kleine Zusatzbewegungen der Erdachse, die aufgrund der unterschiedlichen Gravitationskräfte des Mondes entstehen. – Die Frage des Frühlingspunktes und seiner Lage im System der Erdpräzession spielt auch bei der Beurteilung antiker Himmelsgloben und bei der Frage der Mithrasreligion eine Rolle (s. u.).

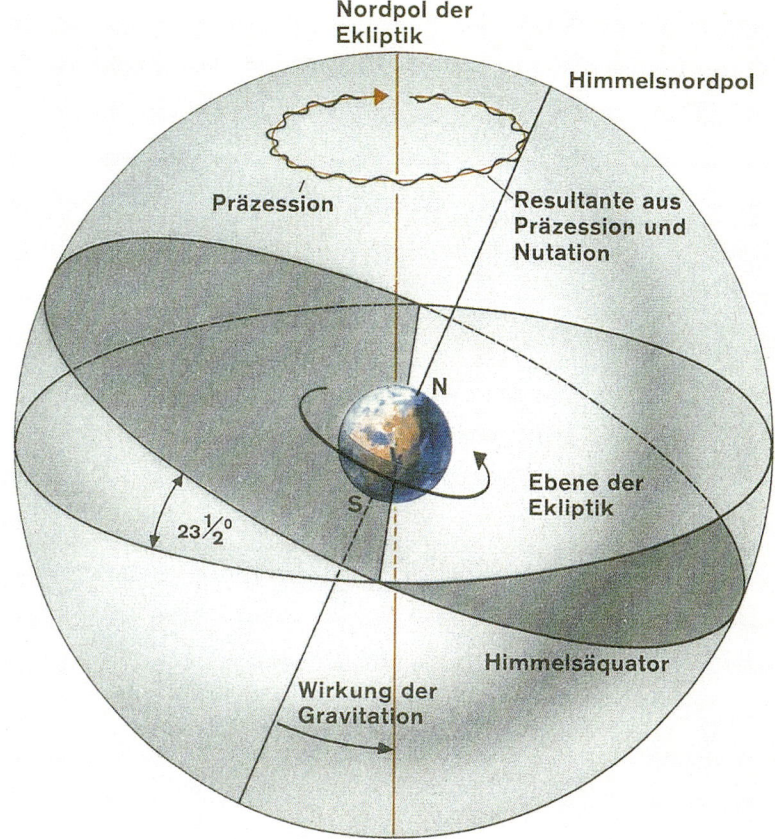

3 Der Himmel der Urzeit

Astronomie: Die älteste Naturwissenschaft auf Erden

Noch kannten unsere Vorfahren kein Metall, und doch hatten die Wissenschaften schon begonnen. So wie in der Medizin der Jungsteinzeit (Neolithikum) die erste Humanwissenschaft entstand, als erfolgreiche Chirurgen mit feinen Feuersteinklingen Schädeloperationen durchführten (Trepanationen), so wandte sich der Mensch damals der Beobachtung des Himmels zu.

Wieweit dies schon vorher geschah, ist eine akademische Frage. Natürlich hat man seit dem ersten Bewusstseinswerden Sonne und Mond automatisch zur Kenntnis genommen; die Frage ist nur, wieweit man die Phänomene analysierte. Das immer wiederkehrende Phänomen von Wachsen und Schwinden des Mondes war jedoch für die hoch entwickelten Jäger der Neandertaler- und der Cro Magnon-Zeit des Paläolithikums (Altsteinzeit) wohl schon mehr als nur eine beiläufige Erscheinung, weil natürliche nächtliche Lichtquellen die Jagd entscheidend beeinflussen konnten.

Altsteinzeit: Die Höhle von Lascaux

Sehr wahrscheinlich hatten bereits die vor etwa 50 000 Jahren langsam aussterbenden Neandertaler wie auch die sie ablösenden Menschen unseres Typs homo sapiens die Himmelskörper zur Kenntnis genommen. Um 8000 v. Chr. ging in Europa die letzte Eiszeit zu Ende. Europa begab sich auf den Weg zu den Hochkulturen. Doch die ersten Kunstwerke erhabenen Ranges waren schon in der Jungsteinzeit vergessen, schlummerten nach dem Tode ihrer Schöpfer in den kalten Jahrtausenden in unterirdischen Höhlen, und sie traten erst im 20. Jahrhundert wieder vor unser Auge: Die Wandmalereien der Höhle von Lascaux bei Montignac/Dordogne in Südfrank-

3,1 Lascaux, Dordogne/ Frankreich. Steinzeitliche Höhlenmalerei der Zeit um 15 000 v. Chr. mit dem Hinweis auf Sterne von M. A. Rappenglück 1999.

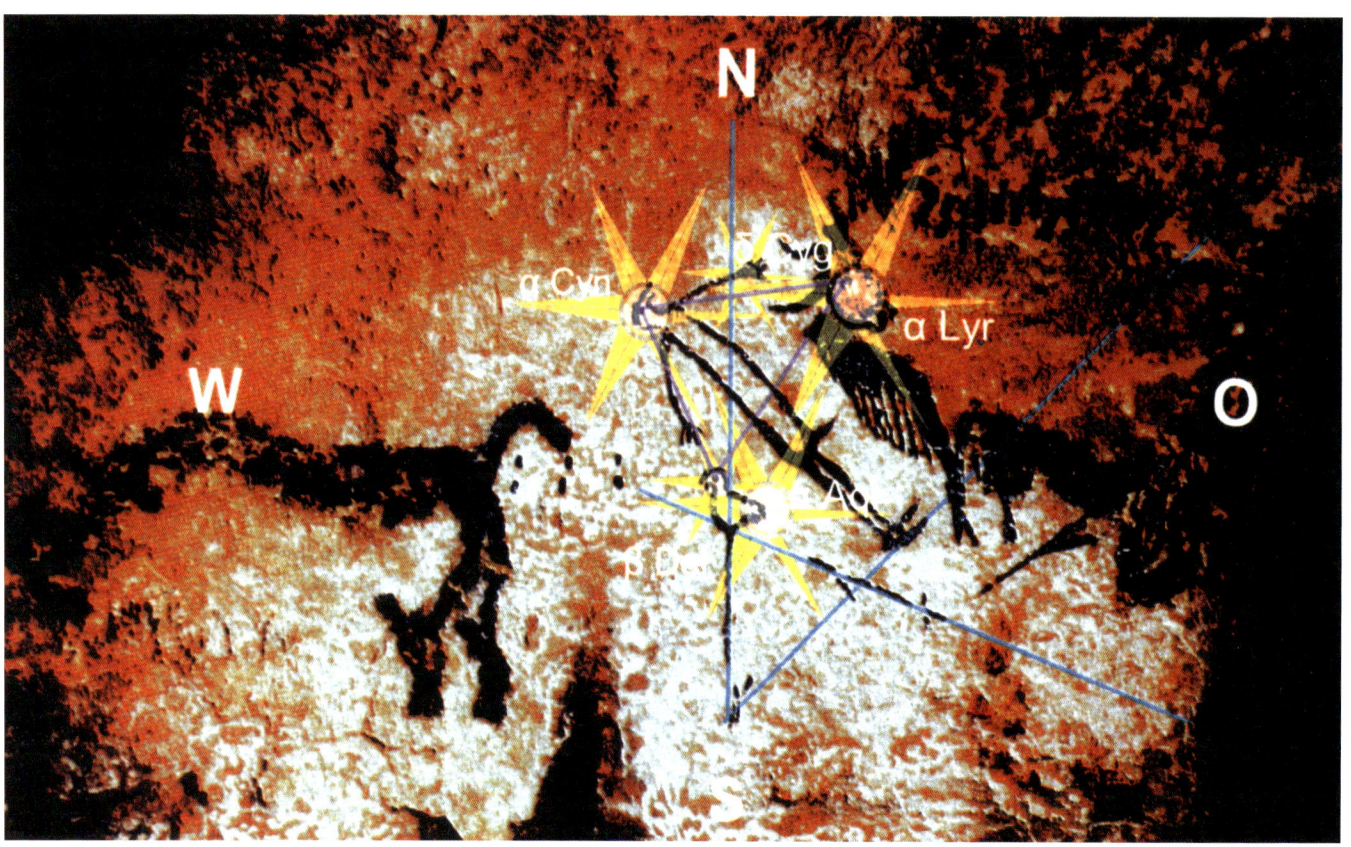

reich, entstanden um 15 000 v. Chr., sind die ersten Artefakte unserer Welt, an denen man die Spuren einer Kenntnis des Sternenhimmels abzulesen suchte. Die 1940 entdeckte Lascauxhöhle hat direkt eine Reihe von paläoastronomischen Spekulationen ausgelöst. Man versuchte, in den Wandbildern Sternkonstellationen zu erkennen, z. B. in dem Bilderpolygon mit Nashorn, Mann, Vogelstab und Bison: Vorgeschlagen hat man eine nördliche Konstellation mit Cygnus, Lyra, Aquila und Delphinus (Abb. 3,1).

Die differenzierte Kunst der Höhlen in Spanien und Frankreich zwischen 20 000 und 10 000 v. Chr. verrät so viel an Naturwissen und Abstraktionsfähigkeit, dass es eine akademische Frage bleibt, ob man diesen Menschen nicht auch die Abstraktion einer Himmelsdarstellung zutrauen darf. Die astronomisch orientierten Anlagen der Jungsteinzeit und der Bronzezeit sind heute als Beweis für die Himmelskunde dieser Menschen anerkannt; vor hundert Jahren sprach noch niemand davon. Vermutlich wird man eines Tages auch die himmelskundigen Kenntnisse der Lascauxmenschen noch überzeugender nachweisen können als dies heute noch der Fall ist.

Ackerbau und Himmelskunde der Jungsteinzeit

In der Jungsteinzeit wurde der Mensch sesshaft. Er lernte den Ackerbau und gewann damit die Unabhängigkeit von der Jagd, dem Fischfang und dem ganzen unsicheren Jäger- und Sammlerleben. Feste Siedlungen lösten die Höhlen oder Nomadenunterkünfte ab. Man lernte eine Zeiteinteilung, die sich auf Himmelsbeobachtungen stützte. Vorstellungen vom Kalender, vom Lauf des Jahres und von immer wiederkehrenden Phänomenen waren Voraussetzung für eine erfolgreiche Ackerbaukultur.

Die Hinwendung des Menschen zum Ackerbau hat man zu Recht als jungsteinzeitliche Revolution bezeichnet; sie war die Voraussetzung dafür, dass die Zahl der Menschen zunehmen konnte. In Mitteleuropa begann die Jungsteinzeit (Neolithikum) um 6000 und dauerte mit der Übergangszeit des Chalkolithikum (Stein-Kupfer-Zeit) bis ins frühe 2. Jt. v. Chr.; das Jahrtausend der Bronzezeit wurde ab 800 v. Chr. von der Eisenzeit abgelöst.

Die jungsteinzeitlichen Bauern hatten mit der Sesshaftigkeit und der Landwirtschaft fundamental neue Aufgaben zu bewältigen. Erste indirekte Hinweise, dass man den Himmel und seine Gestirne beobachtete, finden sich in der

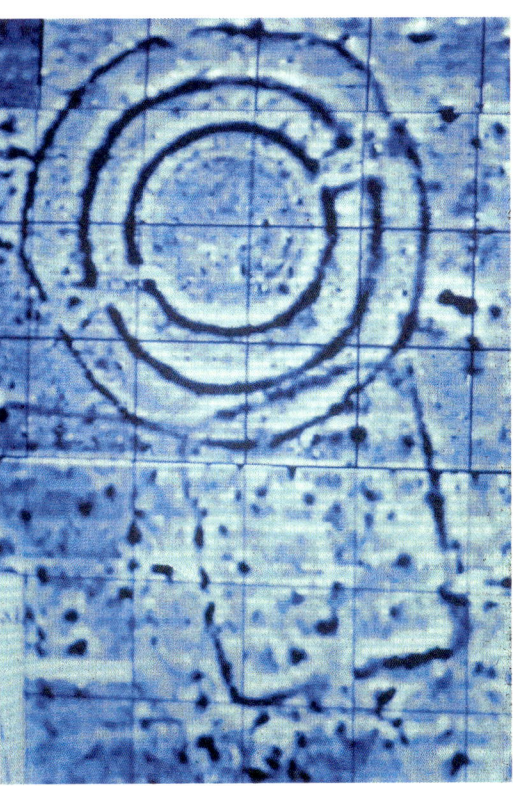

3,2 Jungsteinzeitliche Kreisgrabenanlage von Osterhofen-Schmiedorf, Bayern. Um 4600 v. Chr. Magnetogramm.

klaren Orientierung jungsteinzeitlicher Kreisgräben, monumentaler Anlagen, die in manchen Fällen weder Siedlungen noch Festungen gewesen sein können. Manche haben Tore oder einfach nur Öffnungen, für die man eine Orientierung an astronomischen Fixpunkten bemerken kann; so ist das mittelneolithische Kreisgrabenerdewerk von Osterhofen-Schmiedorf, Bayern, aus der Zeit um 4600 v. Chr. anscheinend auf die Solstitien (Sonnenwendpunkte) des Winters und des Sommers ausgerichtet (Abb. 3,2).

Nun wären solche Holzkonstruktionen kein ganz überzeugender Beleg für das astronomische oder besser kalendarische Interesse der neuen bäuerlichen Gesellschaften der Jungsteinzeit, wenn sich nicht die hölzernen Kreispalisaden innerhalb der Entwicklung von der Steinzeit zur Metallzeit (Bronzezeit) in monumentale Steinanlagen sicher astronomischen Zuschnitts verwandelt hätten. Es beginnt die Zeit der Großsteinbauten (Megalithbauten).

Stonehenge: Neoheiden und Druiden

Der Mythos der großen Steine von Stonehenge, Wiltshire/Südengland aus dem 2. Jahrtausend v. Chr. (Abb. 3,3) ist inzwischen in den Sphären eines prähistorischen Walhalla, einer Art Megalithparthenon, angelangt. Dem romantischen

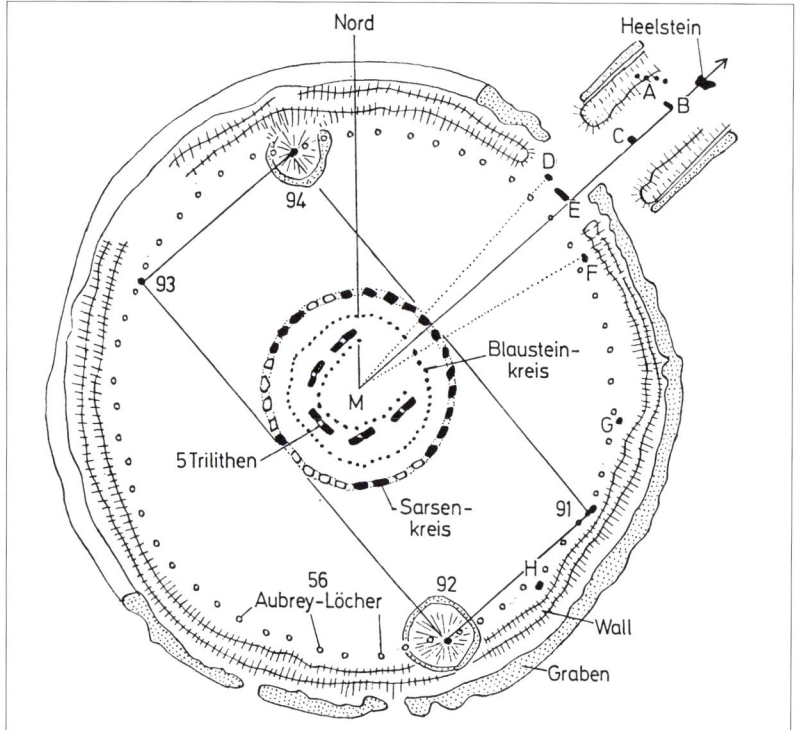

3,3 Stonehenge, Wiltshire/ Südengland. Monumentale Steinkreise bis zur Zeit um 1500 v. Chr.

3,4 Stonehenge, Wiltshire/ Südengland.

frühen 19. Jahrhundert wird man es eher nachsehen können, dass man Stonehenge mit orgiastischen Schlangenkultanhängern allgemein prähistorischen Charakters bevölkerte. Nur mit Erstaunen hingegen muss man in unserer technisch geprägten Welt registrieren, dass Plätze wie Stonehenge zum Zentrum neoheidnischer Gefühlswelten geworden sind.

In immer größerer Menge versammeln sich zur Sommersonnenwende des 21. Juni in Stonehenge Heiden, Hexen und Druiden zu einem synkretistischen Treffen an einem „starken Ort". Im Jahre 2000 waren es an die 30 000; „Sonnenwende: Die Druiden kommen" war die Schlagzeile der Frankfurter Allgemeinen Sonntagszeitung vom 22. Juni 2003 zur Versammlung von 28 000 Menschen an diesem Tage; dpa brachte zur selben Zeit das Bild des Druiden Steve Wilson, der vor den Steinen von Stonehenge in einem Harry Potter-Band blättert (Mainzer Rhein-Zeitung, 23. Juni 2003, S. 22). Mit den antiken keltischen Druiden hatten die Stonehengesteinkreise natürlich nichts zu tun; sie als druidisch anzusehen, war in Großbritannien freilich seit dem 18. Jahrhundert üblich geworden, und das im 19. Jahrhundert entstandene Neodruidentum verband sich nur zu gerne mit diesem prominenten Platz.

Die großen Steinkreise

Stonehenge ist eine über mehrere Jahrhunderte gewachsene Anlage. Der letzte Ausbau (Phasen IIIa/IIIb/IIIc) gehörte nach früherer Ansicht in die Jahre zwischen 1800 und 1400 v. Chr. Inzwischen hat man, basierend auf C-14-Daten (Radiocarbondaten),wesentlich ältere Daten vorgeschlagen; sie reichen von 3500 v. Chr. für die älteste Umwallung bis in die Jahre um 1500 v. Chr. Halten wir als Gedächtnisstütze fest, dass wir uns mit den letzten Phasen Stonehenges in der ersten Hälfte des 2. Jahrtausends v. Chr. befinden werden.

Der Gesamtplan (Abb. 3,4) umfasst einen Wall mit Graben und einer Öffnung im Nordosten. Dort schließt sich eine etwa 500 m lange Straße an, in deren Mitte sich nahe am Kreis der so genannte Heelstein erhebt. Innerhalb des Walls liegt ein Kreis von 56 Löchern, der sog. Aubreykreis (benannt nach ihrem Entdecker John Aubrey), verbunden mit vier sog. Stationssteinen, von denen zwei auf künstlichen Hügeln liegen, und die zusammen ein gleichseitiges Rechteck anzeigen. Die Löcher des Aubreykreises sind kein Zeichen für einen Stein- oder Holzkreis, sondern sie sind lediglich Erdaushubmarkierungen.

Die Baugeschichte Stonehenges ist kompliziert. Die drei Steinkreise in der Mitte wurden zu verschiedenen Zeiten erbaut. Dem Blausteinkreis folgte der letzte Ausbau von Stonehenge mit den fünf Megalithtrilithen, den großen torähnlichen Aufbauten aus jeweils drei Steinen

sowie dem optisch noch heute das Bild bestimmenden Kreis von 30 Kalksteinmenhiren mit Architravabdeckungen (Abb. 3,3). Es sind sie sog. Sarsensteine, benannt nach einem Sandstein, der in den Marlborough Downs 30 km nördlich von Stonehenge ansteht. Das Material des Blausteinkreises stammt aus dem südwestlichen Wales und wurde teilweise über See herangeschafft. Jeder der Sarsensteine wiegt etwa 30 t, bei einer Höhe von etwa 5,0 m und einem Querschnitt von 2,10 × 1,10 m; jeder der aufrechten

3,5 Stonehenge, Wiltshire/ Südengland. Die Sonne in der Platzachse zur Wintersonnenwende.

3,6 Avebury, Wiltshire/ Südengland. Megalithsteinkreise. 2. Jt. v. Chr.

3,7 Menhir. „Gollenstein" bei Blieskastel, Saarland. Sandstein. H. 6,60 m. Um 2000 v. Chr.

Einzelpfeiler der Trilithen wiegt etwa 45 t. Die größte Höhe in Stonehenge betrug 7,50 m, einst die Höhe des zentralen Trilithen.

Stonehenge war nach den Zahlen der Sonnen- und Mondortungen entworfen. Ansatzpunkt für diese Interpretation war die offensichtliche Ausrichtung der Längsachse auf NO-SW; zur Sommersonnenwende geht die Sonne im Nordosten über dem Heelstein auf und leuchtet durch die Achse der Anlage. Umgekehrt geht die Sonne zur Wintersonnenwende im SW unter und leuchtet von dort aus durch die Achse der Steinkreise (Abb. 3,5). Darüber hinaus ließen sich anhand der riesigen Trilithen der letzten Ausbauphase weitere Ausrichtungen auf Sonnen- und Mondstände erkennen.

Stonehenge ist – auch wenn uns die Religionen der späten Steinzeit und der frühen Metallzeiten kaum greifbar sind – ein Sternentempel, ein Kultobjekt von außerordentlichen Dimensionen; zugleich sieht man hier ein überwältigendes Beispiel für Machtarchitektur, welche auf Wissen basiert. Wir kennen die damalige Gesellschaft im Einzelnen zwar recht wenig; doch kann man sich vorstellen, wie wichtig für eine bäuerliche Gesellschaft das kalendarische Wissen um den Kreislauf des Jahres, um die Jahreszeiten und um die Sonnwendtermine war. Noch tief greifender muss das Wissen um bevorstehende Finsternisse gewesen sein. Noch in unseren Tagen sind dies aufregende Ereignisse, obwohl die Gründe inzwischen in jedem Schulbuch nachzulesen sind. Die Steinkreise Stonehenges sind so gebaut, dass man anscheinend durch genaue und langjährige Beobachtungen des Mondlaufes auch Mondfinsternisse und Sonnenfinsternisse vorherberechnen konnte. In einer prähistorischen Kultur mit Stammescharakter, aber ohne Schriftkenntnisse, war ein solches Wissen eine Machtbasis.

Steinkreise und Steinreihen mit Himmelsorientierung finden sich auf den Britischen Inseln wie in der Bretagne und in Norddeutschland, aber auch in den Alpen (z. B. Planezzas/ Falera im Schweizer Graubünden). Manche wie der Steinkreis von Avebury, Wiltshire/Südengland (Abb. 3,6) übertrafen in ihren Maßen den Kreis von Stonehenge. Avebury misst an die 400 m im Durchmesser und umfasste zwei innere Kreise. Wie riesig die Anlage war, sieht man leicht daran, dass die inneren Steinkreise mit ungefähr 100 m Durchmesser so groß sind wie Stonehenge insgesamt. Der äußere Kreis war aus einstmals 100 Sarsensteinen gebildet, die aber – anders als in Stonehenge – unbearbeitet geblieben waren.

Ob den europäischen Menhiren, wenn sie einzeln stehen (Abb. 3,7), auch ein Astralbezug zuerkannt werden kann, ob sie also auch als Gnomon (Sonnenzeiger) oder als Anhaltspunkt für Sonnen- und Mondphasen gelten können, ist bei Einzelmonumenten ohne sichtbare Orientierung für den Betrachter schwer zu entscheiden. Sie als Himmelsobjekt zu sehen, ist nach den Parallelen der nordischen Megalithzeit wie auch nach den formalen Parallelen der ägyptischen Obelisken wahrscheinlich.

Sehr viel klarer wird dies an einigen Megalithgräbern, die deutliche Orientierungen zeigen. Der Denghoog, ein Megalithgrab der Jungsteinzeit auf der Insel Sylt, ist nach Süden ausgerichtet. Auf das Sommer- und Wintersolstitium sind die Steinsetzungen und das Kistengrab von Ballachroy/Schottland orientiert.

Besonders eindrucksvoll ist die Orientierung des Steingrabes im Grabhügel von Newgrange/Irland: Dort fällt zur Wintersonnenwende um den 21. Dezember beim Sonnenaufgang der Sonnenstrahl durch eine Öffnung über dem Eingang durch den über 15 m langen Gang auf die Rückwand der Grabkammer (Abb. 3,8). Die astralen Bezüge werden bei diesem Monumentalgrab noch deutlicher, wenn man bedenkt, dass der Grabhügel allein mit einem Durchmesser von etwa 80 m sehr groß ist, dass er aber die Dimension von Stonehenge mit einem Steinkranz um den Tumulus herum von 106 m Durchmesser noch übertrifft. Der Steinkreis wirkt wie ein äußerer Hinweis auf die Orientierung der Grabkammer.

Unter den Orientierungssternen von 59 Megalithgrabbauten in der Bretagne, Irland, Schottland und Norddeutschland finden sich die Plejaden, mehr aber noch nördliche Ausrichtungen auf Capella (α Aur, Fuhrmann) und Deneb (α Cyg, Schwan) sowie etliche Südausrichtungen.

Sonnenwagen und Goldkegel

Die Vorzeitmenschen haben sich seit der Jungsteinzeit einem gestalteten und abstrahierten Abbild des Himmels erschlossen, ein Vorgang,

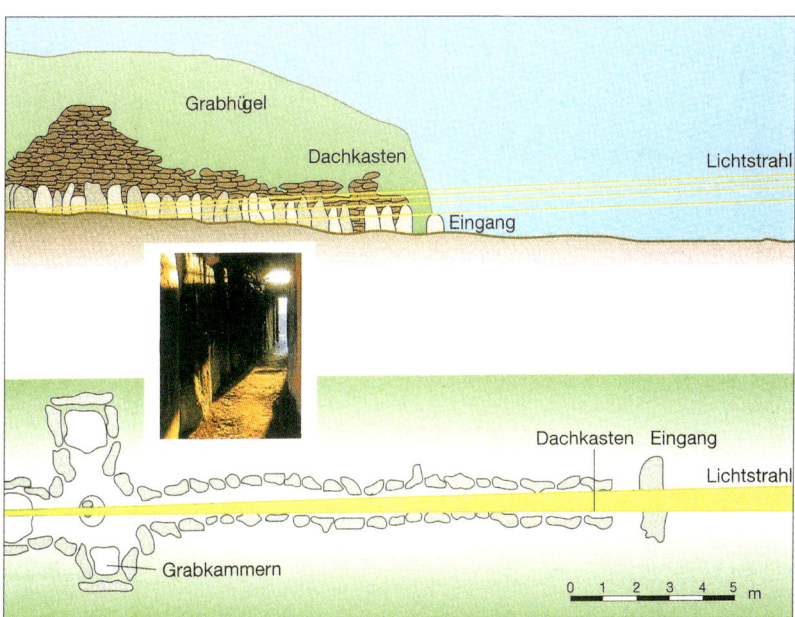

der in den orientierten Rundbauten der Erdwerke und Steinkreise Form gewann. Dahinter steht ein beträchtlicher Fortschritt in der Abstraktionsfähigkeit und ein wissenschaftlicher Geist in dem Sinne, dass Gesetzmäßigkeiten der Natur erkannt und in ein System eingefügt wurden.

Die abstrakten Zeichen für Sonne, Mond und Sterne werden nun erfunden. Den Kreis als Sonnensymbol anzusehen, ist uns geläufig geworden. Für die nordische Bronzezeit zeigt der Sonnenwagen von Trundholm (Abb. 3,9), der kaum

3,8 Megalithgrab von Newgrange/Irland. Orientierung auf die Wintersonnenwende. Um 3000 v. Chr.

3,9 Der Sonnenwagen von Trundholm. Moorfund von der Insel Seeland/Dänemark. Bronze und Gold. L. 62 cm. 15.–14. Jh. v. Chr. Kopenhagen, Nationalmuseum. Kopie Römisch-Germanisches Zentralmuseum Mainz.

3,10 Der Goldhut von Schifferstadt in der Pfalz. H. 29,6 cm.
Um 1300 v. Chr. Speyer, Historisches Museum der Pfalz.

etwas anderes als das Sonnengespann darstellen
kann, dass man die Sonne als eine Scheibe darstellte, die mit konzentrischen Motiven und
Kreismustern verziert war. Diese Muster sind deshalb wichtig, weil sie zur Erklärung mancher
sonst weniger verständlicher Muster auf bronzezeitlichen Metallarbeiten und Felsritzungen bei-
tragen können. Am Trundholmer Wagen ist nur
die eine Seite der Scheibe mit Goldblech überzogen; die andere trägt nur die Muster, aber kein
Gold. Das heißt, dass jene Seite die Ansichtseite

ist, in der täglich das Sonnengespann von links
(Osten) nach rechts (Westen) über den Himmel
zu ziehen scheint.

Der Wagen von Trundholm ist ein Moorfund,
und er war damit kein zufälliger Verlust, sondern
ein bewusstes Opfer an die Götter. Aufgrund
dessen ist mit einem Astralkult in der bronzezeitlichen Religion zu rechnen, was man freilich
schon an den neolithischen Steinkreisen mit
ihrer genau berechneten Orientierung hat ablesen können.

Die Abstraktionsfähigkeit der bronzezeitlichen Eliten ist der Maßstab bei der Frage, was die Goldhüte (Goldkegel) jener Tage bedeutet haben. Aus Mittel- und Westeuropa kommen vier bisher bekannte sog. Goldhüte, goldene Kegel unterschiedlicher Höhe mit abstraktem Dekor. Sie stammen aus Ezelsdorf bei Nürnberg (H. 88,3 cm), aus Schifferstadt in der Pfalz (H. 29,6 cm, Abb. 3,10) und aus Avanton, Dép. Vienne in Frankreich (H. 53 cm); von einem jüngst von den Berliner Museen erworbenen, 74,5 cm hohen Stück kennt man den Fundort nicht. Diese Goldkegel gehören in das späte 2. Jahrtausend v. Chr., in die Zeit etwa von 1300–900 v. Chr.

Die Dekoration der Kegel von Avanton und Schifferstadt ist einfach, die abstrakten Muster auf den Exemplaren in Berlin und aus Ezelsdorf hingegen bieten sich in reicher Variation dar. Auf dem Ezelsdorfer Goldkegel (Abb. 3,11) erscheinen 20 Kreismuster, darunter ein Rad mit acht Speichen. Auf dem Berliner Kegel findet sich neben vielen Scheibensymbolen der Halbmond. Diesen kannte man in der Bronzezeit bisher nur von der Nebrascheibe, die freilich vermutlich wesentlich älter ist. Die offensichtlichen Sonnen- und Mondsymbole dieser Goldkegel führten neuerdings zur Theorie, in ihnen ein Kalendersystem zu erkennen, in dem sich Kenntnisse der Sonnen- und Mondumläufe einer Führungselite jener Zeit manifestierten.

Dies würde freilich heißen, dass man sehr komplizierte Rechenvorgänge in einer schriftlo-

sen Zeit annehmen müsste. Hier ist die Forschung noch im Fluss. Ein Bezug auf Sonne und Mond ist diesen bronzezeitlichen Goldkegeln jedoch wegen der Vergleichsmöglichkeiten zur Dekoration des Sonnenwagens von Trundholm und der Himmelsscheibe von Nebra gleichwohl zuzuschreiben.

Felsritzungen und Schalensteine

Die astronomische Thematik des Trundholmer Wagens, der Scheibe von Nebra und auch der bronzezeitlichen Goldkegel erlaubt schon von der bildlichen Gestaltung her, einige prähistorische Monumente in unsere Betrachtung einzuschließen. Vielerlei Felsritzungen und auch sog. Schalensteine haben schon immer die Vermutung genährt, hier Reflexe von Sternbildern und Himmelssymbolen sehen zu dürfen. Auch wenn es schwer fällt, in den vielen kleinen runden Punkten konkrete Sternbilder zu erkennen, so sind doch die damit verbundenen Kreis- und Radmotive beispielsweise des Felsbildes von Stöle in Norwegen kaum anders denn als Himmelssymbole anzusprechen. Weniger deutlich sind die Schalensteine zu lesen, Steine mit kleinen und manchmal auch größeren Eintiefungen, die manchmal durch Verbindungslinien bereichert sind; man findet sie übrigens nicht nur in den Alpen. An einem Schalenstein auf der Südtiroler Tschötscherheide (nördlich von Brixen) glaubte man das Abbild des Großen Wagen (großen Bären) zu erkennen. Man kann nicht mehr entscheiden, welchen konkreten Zweck diese Felsdenkmäler hatten, vielleicht waren es nur Erinnerungsdenkmäler an besondere Ereignisse. Da sich die Schälchen zu keinem künstlerisch verstehbaren Muster ordnen lassen, ist ein Bezug auf Sternzitate in der Tat nicht abwegig.

Die Himmelsscheibe von Nebra

Im Jahre 1999 erhielten die Archäologen des Landes Sachsen-Anhalt erste Hinweise auf einen Hortfund, den private, illegal handelnde Ausgräber bei Nebra (Unstrut) gefunden hatten. Der Hortfund konnte im März 2002 in Basel sichergestellt und am 10. 3. 2002 dem Landesmuseum für Vorgeschichte in Halle/Saale übergeben werden; er wurde im Herbst 2004 dem Publikum in einer Sonderausstellung in Halle/Saale gezeigt.

Der Fund enthielt neben der Scheibe zwei Schwerter, zwei Beile, einen Meißel und zwei Armspiralen; alles war aus Bronze gefertigt. Die

3,11 Abstrakte Muster (Schild, Kegel, Rad) auf dem Goldkegel von Ezelsdorf in Bayern. 11.–9. Jh. v. Chr. Nürnberg, Germanisches Nationalmuseum.

3,12 Die Himmelsscheibe von
Nebra, Sachsen-Anhalt. Bronze
und Gold. Dm. 32 cm. Gewicht
ca. 2 kg. Um 1600 v. Chr. Fund-
zustand, gereinigt. Halle/Saale,
Landesamt für Archäologie
Sachsen-Anhalt.

32 cm messende und etwas über zwei Kilo-
gramm schwere Bronzescheibe (Abb. 3,12) ist
auf der Rückseite undekoriert. Die Vorderseite
zeigt Einlassungen in Goldblech: Ein rundes
Motiv, einen Halbmond, zwei an den Rand an-
gepasste Goldstreifen (von denen einer fehlt),
einen etwas stärker gebogenen und von kleinen
Strichen umrahmten Streifen sowie 30 kleine
runde Scheiben, die sicher als Sterne zu erklären
sind. Ursprünglich waren es 32 Sterne, doch sind
zwei von ihnen durch die goldene Randleiste
überdeckt worden. Die Scheibe hat also mehrere
Phasen erlebt; dies ergibt sich auch aus den gro-

ben 40 Randlöchern, dem einzigen Motiv der
Vorderseite, welches auf der Rückseite auch
sichtbar ist. Die Nagellöcher am Rand können
nur den einen Sinn haben, dass man die Scheibe
in der letzten Phase ihres Gebrauchs auf einer
Unterlage fixieren wollte. Der Hort kann, wenn
man ihn als zusammengehörig ansieht, auf die
Jahre um 1600 v. Chr. datiert werden.
    Die allgemeinen Bezüge auf den Himmel sind
in der Kombination aller Motive deutlich. Dennoch bleiben im Einzelnen viele Fragen offen; so
ist durchaus nicht sicher, wenn auch wahrscheinlich, dass mit der runden Scheibe die

Sonne (und nicht ein Vollmond) gemeint ist, während der Halbmond rechts daneben wohl sicher als ein solcher gedacht ist. Die gebogenen Leisten am Rande hat man als Horizontbögen gedeutet. Die kleinere gebogene Leiste unten mit den Längsriefen innen und den wimpernartigen Randmotiven gilt als Sonnenbarke.

Am folgenreichsten war die Interpretation der sieben Sterne oben zwischen der runden Goldscheibe und der oberen Spitze des Halbmondes. Man hat sie als Plejaden gedeutet. Der kleine Sternhaufen der Plejaden im Stier war zwar Orientierungspunkt für Bauern wie Seefahrer; seine frühe Erwähnung bei Homer unterstreicht ihre Bedeutung: Ilias 18, 486 (Schild des Achilleus); Odyssee 5, 272 (Odysseus orientiert sich an den Sternen).

Ob man freilich annehmen darf, dass sie schon um 1600 v. Chr. für so wichtig gehalten wurden, dass man sie in großer Form als Siebenzahl auflöste und graphisch darstellte, ist die Frage. Literarisch werden die Plejaden jedenfalls erst fast ein Jahrtausend nach Nebra aktenkundig (Homer, Hesiod). Unter den Orientierungssternen von 59 Megalithgrabbauten in der Bretagne, Irland, Schottland und Norddeutschland finden sie sich zwar auch, mehr aber noch nördliche Ausrichtungen auf Capella und Deneb und diverse Südausrichtungen.

Man kann versuchsweise die Scheibe von Nebra in der Achse von Sonne, Mond und Seitenstreifen halbieren, und die beiden Hälften getrennt betrachten. Die hellsten Sterne des Winterhimmels im Norden sind Capella (α Aur), Aldebaran (α Tau), Rigel (α Ori), Sirius (α Cma), Prokyon (α Cmi) sowie Castor und/oder Pollux (α Gem, β Gem); im Zentrum dieses Sechsecks steht Beteigeuze (β Ori). Legt man dieses Sechseck mit einem siebten hellen Stern in der Mitte auf die Höhe von Nebra (ca. 12° und ca. 51,5°) und auf das Jahr 1600 v. Chr., dann ergibt sich ein Bild, welches den sieben Sternen der Bronzescheibe recht gut entspricht.

Es ist in der oberen Hälfte der Scheibe also vielleicht der Nordhimmel dargestellt, bezogen auf die Wintersonnenwende jener Jahre und auf die geographischen Koordinaten von Nebra und Umgebung. Man erhält einen abgekürzten Überblick über die hellsten Sterne des Nordhimmels; die Sternbilder sind im Osten Virgo und Bootes, im Zentrum Leo und die sieben hellen Sterne des Bereichs Auriga, Gemini, Canis Minor, Canis Maior, Orion und Taurus, und im Osten Aries. Die drei Sterne nördlich der Siebenergruppe könnten dann Zitate aus dem Zirkumpolarbereich von Ursa Maior, Draco und Ursa Minor sein. Der Frühlingspunkt lag damals zwischen Aries und Taurus; der Herbstpunkt lag in der Libra.

Die andere Hälfte mit der vermutlichen Sonnenbarke könnte vielleicht den Sommerhimmel darstellen. Die Begrenzungen rechts und links in Form der beiden Goldränder (einer ist verloren, aber nach den Spuren zu erschließen), könnten

3,13　Die Externsteine bei Horn-Bad Meinberg, Lippe, von Nordosten. Rechts Felsen I, links die Brücke von Felsen III zum höchsten Felsen II. Sandstein. H. bis 30 m.

3,14 Die Externsteine: Sonnenwarte auf Felsen II. Das nach Nordosten gerichtete Sonnenloch, aufgenommen zwischen 11 Uhr 30 und 12 Uhr am 19.10.2003.

die Orientierung der Scheibe mit Bezug auf einen Beobachtungsring und seine Durchblicke festlegen. Dieser Bogen reicht vom Stier im Osten über Fische, Wassermann und Steinbock nach Westen. Im Süden liegen Cetus und die Fomalhautsonne, im Zentrum Andromeda und Pegasus, im Norden schon in der Milchstraße Cassiopeia, Cepheus, Cygnus, Adler und Leier. Vor allem an die drei hellen Sterne Deneb, Atair und Wega ist zu denken.

All diese Theorien lassen sich in einer schriftlosen Überlieferung nicht mehr beweisen. Vielleicht ist auch die Scheibe anderswo produziert worden, und der Besitzer hat sie mit Bezug auf die lokale Geographie verändern lassen (Zufügung der Horizontbögen und der Sonnenbarke). Der Wert der Nebrascheibe liegt darin, dass sie das Spektrum der bronzezeitlichen Himmelsmotive erweitert. Neben den Steinringen und den runden Anlagen überhaupt, neben den Goldkegeln und den Schalensteinen sind also auch kunstvolle Objekte dieser Form oder anderer Gestalt zu erwarten.

Kelten und Germanen: Druiden, Edda, Externsteine

Über die Himmelskenntnisse der Kelten vor der Eroberung fast der gesamten keltischen Welt durch die Römer zwischen dem 2. Jh. v. und dem 1. Jh. n. Chr. weiß man kaum etwas, es sei denn, man folgt der bis heute nachwirkenden Mei-

nung, dass der keltischen Priesterkaste, den Druiden, alles zuzutrauen sei.

Schon unter römischer Ägide ist der gallorömische Tempelkalender von Coligny, Dép. Ain/ Ostfrankreich in einer Bronzeinschrift niedergeschrieben worden. Die eindrucksvolle Bronzetafel, die in Fragmenten erhalten ist, entstand um 150 n. Chr., als die Druidenkaste von den Römern längst ausgerottet worden war; sie zeigt den druidischen Mondkalender in einer dem römischen (julianischen) Kalender angepassten Form. Der Kalender stammt aus einem Apollotempel und diente als Festkalender.

Auf dem Mont Beuvray in Burgund, dem Platz der keltischen Stadt Bibracte, bei welcher Caesar in seinem Gallischen Krieg 58 v. Chr. die Helvetier besiegte, hat man ein monumentales ovales Wasserbecken aus dem 1. Jh. v. Chr. gefunden; seine Orientierung auf die Sonnenstände der Sommer- und Wintersonnenwenden wird mit Recht druidischer und nicht importierter römischer Wissenschaft zugeschrieben. Dazu passt die Orientierung der keltischen Viereckschanzen, deren es allein in Süddeutschland über 200 gibt, und von denen die überwiegende Mehrzahl auf die Himmelsrichtungen ausgerichtet ist.

Noch schwieriger ist es, über der Germanen Götterhimmel ein Bild zu erhalten. Die antiken Schriftsteller, darunter besonders Tacitus mit seiner Germania, sind entweder moralisierende Ethnographen oder sie interessieren sich für die Militärgeschichte. Germanische Sternnamen muss man deshalb aus der mittelalterlichen Edda zurückprojizieren, mit allen Unsicherheiten, wann die einzelnen Namen entstanden. Einige sind hochpoetisch wie des Riesen *Thiassis Augen* (Castor und Pollux in den Gemini) oder vor allem der Sirius im Canis Maior als *Lokis Brand*. Die auffallenden Gürtelsterne Orions hießen *Friggs (Freyas) Rocken*, der große und der kleine Bär galten wie im Mittelmeer als Wagen, die Milchstraße war *Irings Weg*.

Das vielleicht umstrittenste archäologische Bodendenkmal Norddeutschlands sind die Externsteine bei Horn-Bad Meinberg (Lippe) im östlichen Teutoburger Wald. Die Zeit ist nun für eine nüchterne Analyse reif; weder der Germanenüberschwang der Zeit vor 1945 noch die danach einsetzende und bis heute nachwirkende Germanenskepsis sollten den Blick verstellen.

Die Externsteine sind eine Reihe von bis zu 30 m hohen Sandsteinfelsen, bizarre Riesenmenhire in einer sonst felsenarmen Gegend (Abb. 3,13). Sie sind vom Altertum bis in die Barockzeit immer wieder verändert worden. Die beiden hervorragendsten menschlichen Eingrif-

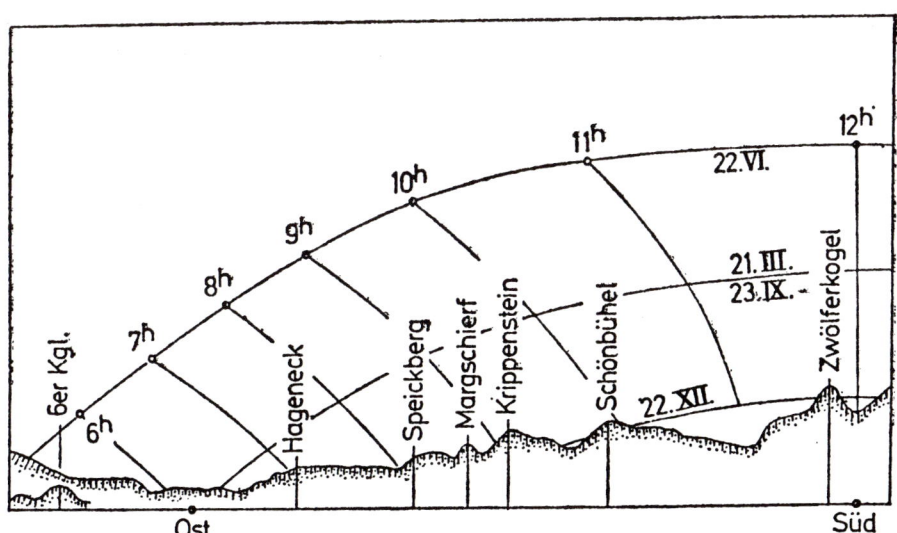

3,15 Uhrenberge in den Alpen: Die Sonnenläufe über den Bergen südlich von Hallstatt.

fe sind ein monumentales romanisches Kreuzabnahmerelief des 12. Jhs. am Fuß des Felsens I sowie die Sonnenwarte auf dem Gipfel des Felsens II, die man heute über Treppen und eine kleine Brücke vom Felsen III her erreichen kann (Abb. 3,14).

Die Orientierung des Observatoriums auf dem Zentralfelsen nach Nordosten, und damit zumindest einigermaßen auf den Sonnenaufgang der Sommersonnenwende, hat man seit dem 19. Jh. gesehen. Wegen des Kreuzabnahmereliefs ist man freilich nicht verpflichtet, die ganze Anlage als mittelalterlich anzusehen. Die christliche Kirche hat seit der Karolingerzeit die antiken Astronomiecodices des Aratos und des Germanicus in immer neuen illustrierten Handschriften herausgegeben (s. u. Kap. 10); man hätte hingegen im Mittelalter im Rahmen einer christlichen Kultstätte, die es an den Externsteinen spätestens im 12. Jh. gab, nicht auch noch zusätzlich eine Sonnenwarte mit einer Orientierung auf das Sommersolstitium eingebaut.

Die 1934–1936 vor den Felsen I und II erfolgten Grabungen durch Julius Andree, Universität Münster, erbrachten einige Keramikscherben, welche angeblich bis in vormittelalterliche Zeit zurückgingen. Doch hätte auch sonst niemand bezweifelt, dass man ein so auffälliges Naturdenkmal schon vor dem Mittelalter gekannt haben wird.

Die Sonnenwarte aus sich selbst zu datieren, ist auch deshalb schwer, weil Spuren von Zerstörung und Umbau aus dem Mittelalter festgestellt werden konnten. Die Herrichtung der Sonnenwarte zu einer christlichen Kapelle hat zur Meinung geführt, dass der Altar unter dem 37 cm großen Visurloch (vgl. Abb. 3,14) ebenfalls aus christlicher Zeit stammen würde. Dies freilich ist nicht sicher. Der Altar (oft „Ständer" genannt) hat mit seinen beiden Profilen oben und unten das Aussehen jener vielen einfachen Weihealtäre, welche in den römischen Provinzen der Kaiserzeit üblich waren; wäre dieser Altar Teil eines römerzeitlichen Felsdenkmals etwa des Trierer Landes, würde man ihn ohne weiteres in das 2. oder 3. Jh. n. Chr. datieren.

Wenn man die Sonnenwarte auf diese beiden Datierungselemente reduziert, dann hat man eine Visur auf die Sommersonnenwende und einen aus dem Felsen herausgearbeiteten Altar nach Art der Römer der Kaiserzeit (vgl. Abb. 3,14). Römische Kunsteinflüsse waren vor allem in der Metallkunst im 3. Jh. bei den Germanen bis hin nach Dänemark besonders deutlich. Steinskulpturen lagen den Germanen nicht; ihre Stärke war damals die Metallbearbeitung. Aber warum kann man den Altar der Sonnenwarte nicht als Arbeit eines römischen Gastbildhauers des 2. oder 3. Jhs. ansehen? Als germanische Anlage zur Sonnenbeobachtung der Sommersonnenwende würden sich die Externsteine am problemlosesten erklären lassen. Das wäre auch die passende Gestaltung für den Felsen II dieses Naturspiels gewesen, wirken doch die Externsteine wie eine gigantische Steinreihe in der Megalithtradition, mit dem Felsen II als Hauptmenhir.

Uhrenberge und Landmarken

Man hat zu allen Zeiten und bis in unsere Tage feste Landmarken am Horizont dazu benutzt, die Tageszeit in den verschiedenen Jahreszeiten festzulegen. Wer sich immer im gleichen Landschaftsraum im Freien aufhält, lernt schnell, wann die Sonne über welchem Punkte steht. In

3,16 Steinkulte: Der Zentralbau
Ka'ba. Mekka, Arabien.

Athen ist neben der Akropolis der Lykabettos-hügel die hervorragende Landmarke. Ihn nahm der Astronom Meton im Jahre 432 v. Chr. zum Markierungspunkt des Sonnenstandes zur Sommersonnenwende. In Rom wurde bis zum 3. Jh. v. Chr. von einem Amtsdiener der Konsuln die Mittagszeit angesagt, wenn die Sonne auf dem Forum zwischen den Rostra (Rednerpodium) und dem Haus der griechischen Gesandten (Graeco-stasis) leuchtete (Plinius, nat. hist. 7, 212).

Am Hallstattsee und in Südtirol hat man ganze Reihen so genannter Uhrenberge bezeichnen können, deren Namen bereits auf die Rolle dieser Bergspitzen als Stundenzeiger hinweisen: Mittagspitze, Mittagscharte, Zwölferkogel, Zwölferkofel, Sextenkofel, Sechserkogel (Abb. 3,15). Bezogen auf einen festen Standpunkt gibt der Stand der Sonne über den jeweiligen Bergspitzen die Tageszeit an. Solche Bräuche sind im gesamten Alpenraum überliefert; die Bewohner des Engadiner Berninatales konnten die Tagesstunde anhand des Sonnenstandes über den Gipfeln angeben. Im altnordischen Kulturkreis war die Einteilung in zwölf Tageszeitsektoren, die man an der Landschaft ablas, besonders ausgeprägt.

Meteorgötter

Baitylos ist ein semitisches Fremdwort im antiken Griechischen und heißt Gotteshaus (bet-el). Die Griechen bezeichneten damit steinerne, an-ikonische Götterbilder, in roher Steinform oder in Gestalt eines Kegels oder Menhirs bearbeitet, welche oft als Meteoriten zur Erde gefallen waren und damit als vom Himmel gekommene Götter galten. Die Eisenmeteoriten mit ihrem hochwertigen Metall steigerten noch die Verehrung der vom Himmel kommenden Objekte: Es war Metall von den Göttern. Diese Kultidole waren eine Besonderheit Syriens und Palästinas. Die an der syrischen Küste, dem heutigen Libanon, wohnenden Phönizier brachten diese Art des Kultbildes nach Nordafrika (Karthago), wo die Astralgötter Saturn (Baal) und Iuno Caelestis (Tanit) das karthagische Pantheon anführten.

Den Meteor der Kybele aus dem kleinasiatischen Pessinus brachte man 204 v. Chr. nach Rom. Die schaumgeborene Aphrodite, dem Meer vor Zypern entstiegen, wurde in ihrem Tempel im zyprischen Paphos als Steinkegel verehrt. Sehr oft verband man diese Steinkegel mit den Göttern Apollon und Artemis, also jenen mit Sonne und Mond assoziierten Göttern Griechenlands.

Im Vorderen Orient und auf der arabischen Halbinsel war das Zentrum der Meteorgötterverehrung. Der schwarze Stein von Mekka ist ein 30 cm großer Basalt- oder Lavablock, an der Ostseite der Ka'ba (‚Würfel'), des Zentral-baues der Moschee von Mekka, eingemauert (Abb. 3,16). Die den schwarzen Stein küssenden Pilger reichen den archaischen arabischen Astralkult aus der Vorzeit in unsere Zeit hinüber.

Babylon, Ägypten, Griechenland 4

China

Mögen die Leistungen jungsteinzeitlicher und bronzezeitlicher Himmelsbeobachter noch so beeindruckend gewesen sein, es fehlte ihnen das Wesentliche einer echten Wissenschaft: Die Schrift, das entscheidende Kennzeichen einer Hochkultur. Werden Kenntnisse immer nur mündlich oder bildlich tradiert, ist die Gefahr groß, dass Einzelheiten rasch verloren gehen.

Die Entwicklung geographischer und astronomischer Kenntnisse in China lief jener in Mesopotamien parallel oder ging ihr zeitlich voraus. In einem neolithischen Grab des 4. Jts. v. Chr. (Abb. 4,1) sind in Muschelmosaiktechnik ein Drachen und ein Tiger dargestellt, die Symbolwesen für den Osten und den Westen des Universums. Der Tote liegt mit den Füßen nach Norden, das Motiv aus zwei Knochen und einem Muscheldreieck in der Mitte deutet man als ‚Nördlicher Scheffel' (beidou), die chinesische Bezeichnung für den Großen Wagen/den Großen Bären des Nordhimmels.

Zweistromland und Niltal

Die wesentlichen Fortschritte in der Astronomie auf mathematischer Basis geschahen im fruchtbaren Halbmond, jenem Länderbogen zwischen Mesopotamien, Syrien und Ägypten (Abb. 4,2), der für die zukünftige Geschichte Eurasiens bestimmend wurde.

In der historischen Bewertung des Primates in der Weltastronomie darf man das Alter der überlieferten Monumente nicht mit der Abfolge von Erkenntnissen vermischen. Die großen Pyramiden bei Gizeh aus der Mitte des 3. Jts. v. Chr. (Abb. 4,3. 4,5) standen schon fast zwei Jahrtausende, bevor in Babylon die Astronomen Nebukadnezars zum ersten Mal den Tempel des Marduk, den Turm zu Babel, betraten. Das heißt nicht, dass die Ägypter gegenüber den Gelehrten Mesopotamiens einen nennenswerten Vorsprung gehabt haben. Das Gegenteil scheint der Fall gewesen zu sein: Eine mathematische Astronomie beginnt im Zweistromland an Euphrat und Tigris, und nicht in Ägypten (Abb. 4,4).

Unter dem geographischen Begriff Mesopotamien (Zweistromland) vereinigen sich mehrere Kulturabfolgen, von den Sumerern des 3. Jts. v. Chr. über die Altbabylonier und die Assyrer zu den Neubabyloniern der Zeit Nebukadnezars. Ein babylonischer Text (Mul Apin) des 7. Jhs. v. Chr. nennt Sternnamen, die teilweise sumerisch sind, also auf das späte 3. Jt. zurückgehen.

Die für Mesopotamien allgemein, also für Sumer, Babylon und Assur, kennzeichnende Architektur des Stufentempels (Zikkurat) hat man mit der Absicht erklären wollen, den Astronomen hoch gelegene Observatorien bieten zu können. Die obersten Etagen dieser Anlagen sind nun seit der Zikkurat von Ur für den Mondgott Nanna aus den Jahren um 2000 v. Chr. (Abb. 4,6) immer Tempel des jeweiligen Gottes; es war den Astronomen dabei sicher gestattet, diese hochgelegenen Punkte ihrer Städte im flachen Zweistromland als Aussichtspunkte zu nutzen.

4,1 Grab mit vier Bestatteten. China, Xishuipo, Prov. Henan. Yangshao-Kultur. 4. Jt. v. Chr.

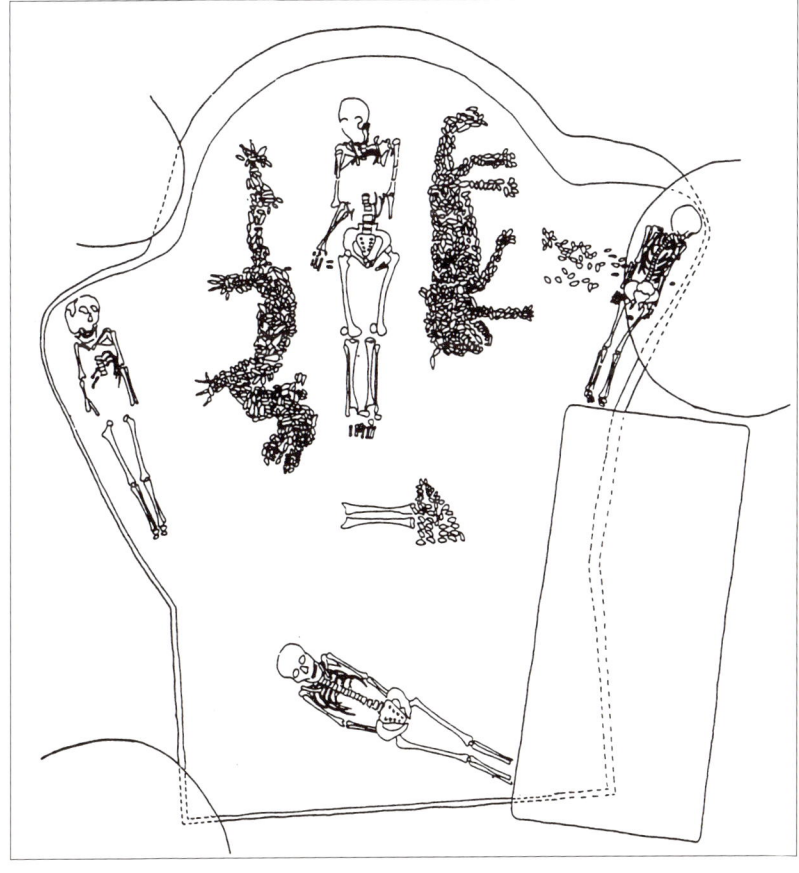

4,2 Der fruchtbare Halbmond. Machtzentren des 3. Jts. v. Chr. im Vorderen Orient. Karte Mainz, Römisch-Germanisches Zentralmuseum, Vorgeschichtliche Ausstellung.

MACHTZENTREN DES 3. JAHRTAUSEND V. CHR

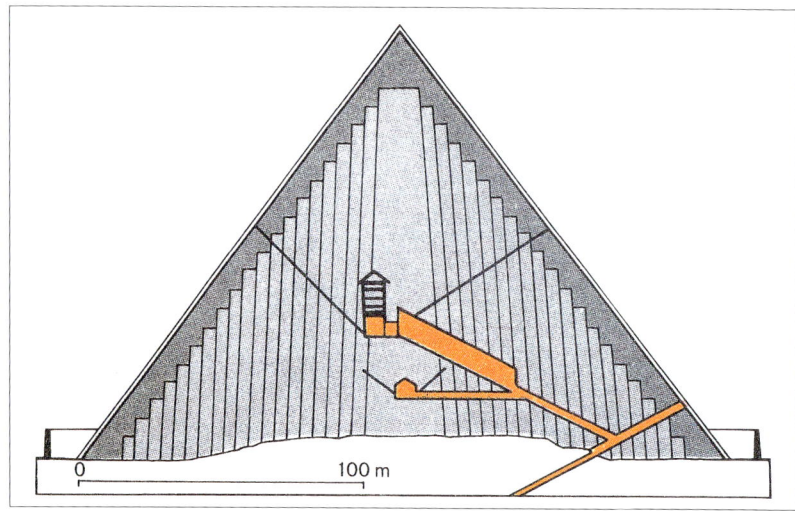

4,3 (Oben) Ägypten. Die große Cheopspyramide von Gizeh. 4. Dynastie. Mitte des 3. Jt. v. Chr. Vereinfachter Querschnitt.

4,4 Mesopotamien. Babylon. Der große Tempelturm (Zikkurat) Etemenanki des Gottes Marduk („Turm zu Babel"). H. ca. 90 m. Zeit Nebukadnezars II. (604–562 v. Chr.). Modell, Staatliche Museen zu Berlin, Vorderasiatisches Museum.

In Babylonien sind Sternlisten seit dem frühen 2. Jt. v. Chr. bekannt. Man beobachtete auch den Himmel, um Vorzeichen (Omina) der Götter zu erkennen. Der Beginn einer mathematischen Astronomie zeigt sich in Babylon seit der Mitte des 7. Jhs. v. Chr. In den sog. astronomischen Tagebüchern finden sich Beobachtungen zum Mond, zu den Planeten und den Fixsternen; daneben gab es kalenderartige Texte mit der Vorausberechnung von Himmelsereignissen wie den Mondfinsternissen. Man erarbeitete einen Kalender, wobei ein Mondjahr von 354 Tagen seit dem ausgehenden 3. Jt. v. Chr. immer wieder durch Schaltmonate dem realen Sonnenjahr angeglichen werden musste.

Aus Mesopotamien stammt die Konzeption des Tierkreises (Zodiacus), also jenes etwa 50° breiten Gürtels am Himmel, auf dem sich für unsere Wahrnehmung die antiken sieben ‚Planeten' bewegten, neben den fünf echten Planeten Merkur, Venus, Mars, Jupiter und Saturn auch noch Sonne und Mond.

Die Griechen haben den Zodiacus von den Babyloniern übernommen und haben damit dieser Erkenntnis der mesopotamischen Astronomie eine Geltung über die Zeiten hinweg verschafft. Manche Zodiakalzeichen wie der Skorpion, der Schütze oder der Steinbock (Capricorn, Ziegenfisch) entsprechen noch den babylonischen (vgl. Abb. 6,15); andere haben sich geändert, z. B. der Widder, den man in Mesopotamien noch als Mann darstellte. Von den zwölf Zodiacusbildern werden zwei (Jungfrau und Skorpion) schon im sog. Nippurtext aus der Zeit um 2000

v. Chr. erwähnt; die übrigen finden sich in Quellen zwischen 1400 und 500 v. Chr.

Im pharaonischen Ägypten, also im historischen Ägypten von der Reichseinigung unter der 1. Dynastie um 2900 v. Chr. bis zur Annexion Ägyptens zuerst durch die Perser (525 v. Chr.) und dann durch Makedonen und Griechen (331 v. Chr.), gab es keine Astronomie im wissenschaftlichen Sinn. Astronomische Elemente finden sich dennoch in der ägyptischen Kultur in großer Zahl: Die menhirartigen Sonnenzeichen der Obelisken, die Ausrichtung von Tempeln wie dem Amun-Re-Tempel in Karnak auf die Wintersonnenwende, die Himmelsbilder auf Grabkammerdecken und Sarkophagen (vgl. Abb. 4,8).

Man darf sich auch nicht davon täuschen lassen, dass Alexandrien seit seiner Gründung durch Alexander den Großen mit seinem Forschungszentrum, dem Mouseion, die wichtigste Wissenschaftsstadt dieses Teils der Welt war: Alexandrien war in jener Zeit eine griechische Stadt, keine ägyptische im pharaonischen Sinne

des Wortes. Alexandrinische Astronomen wie Konon im 3. Jh. v. Chr. oder Claudius Ptolemaeus im 2. Jh. n. Chr. waren Griechen oder Römer (Ptolemaeus), hatten aber mit dem pharaonischen Ägypten nichts zu tun.

Siriusaufgang und Nilschwelle

Eine ägyptische Erkenntnis freilich ist für immer im Gedächtnis geblieben: Die Verbindung von Siriusaufgang und Nilschwelle und die Konsequenzen für den ägyptischen Kalender. Der heliakische (in der Morgendämmerung erfolgende) Aufgang des Sirius im Osten (Abb. 4,7) kündigte um den 17. Juli in Ägypten den Beginn der Nilschwelle, des steigenden Nilwassers, an. Der fruchtbare dunkle Schlamm, den das Nilwasser über den Fluren zurückließ, war die Basis der altägyptischen Landwirtschaft; erst der Assuandamm des hybriden 20. Jhs. hat Ägyptens Erde radikal verändert.

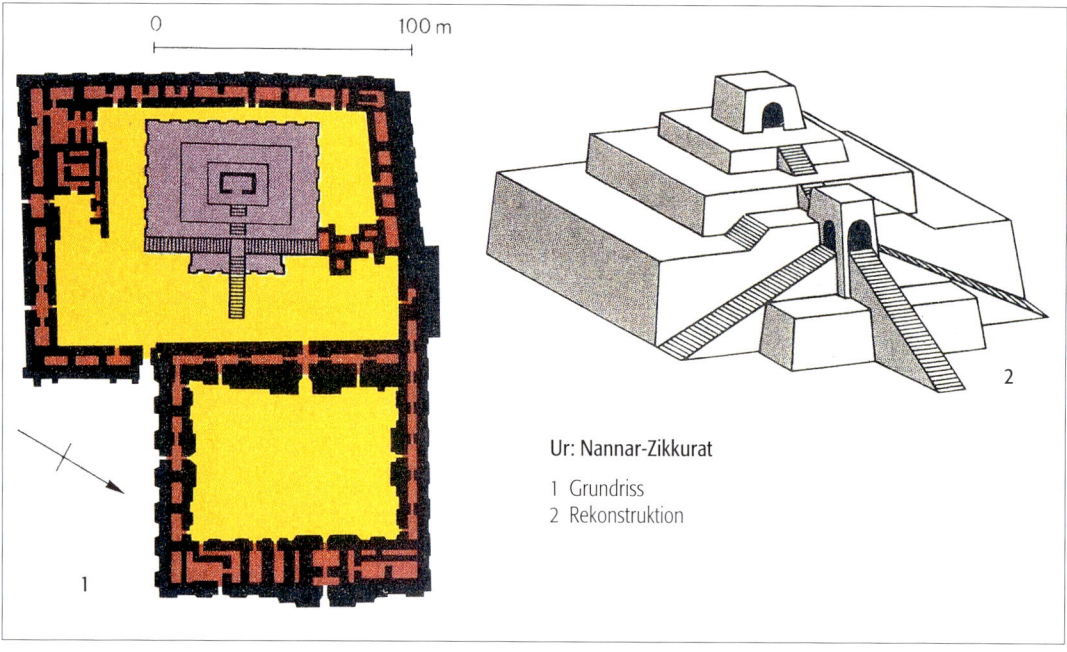

4,6 Mesopotamien. Sumer. Ur, Tempelturm (Zikkurat) des Mondgottes Nanna. Um 2000 v. Chr.

Ur: Nannar-Zikkurat

1 Grundriss
2 Rekonstruktion

Im ägyptischen Kalender galt der Aufgang des Sirius (Sothis) als Jahresbeginn des ägyptischen bürgerlichen Kalenders. Da das ägyptische Jahr oder Wandeljahr mit 12 × 30 Tagen (plus 5 Zusatztagen), also mit 365 Tagen, zu kurz war, verschob sich der Jahresbeginn alle vier Jahre um einen Tag, um nach 1461 ägyptischen Jahren wieder am Beginn zu sein; diese 1461 Jahre nannte man eine Sothisperiode. Um die Übereinstimmung mit dem System des Julianischen Kalender zu erreichen, wurde unter Kaiser Augustus (31 v. Chr.–14 n. Chr.) alle vier Jahre ein sechster Zusatztag vorgeschrieben; man hatte dies bereits einmal im 3. Jh. v. Chr. vorgenommen.

Ägypten war seit 31 v. Chr. römische Provinz. In römischer Zeit hat Theon von Alexandrien am 1. Thot (17. Juli) 139 n. Chr. den heliaki-

schen Siriusaufgang beobachtet und durch Rückrechnen der Sothisperiode (1460 Jahre) die Jahre 1321 v. Chr., 2781 v. Chr. und 4241 v. Chr. errechnet. Man darf aber aus dieser Zahlenfolge nicht schließen, dass es im 5. Jt. v. Chr. in Ägypten bereits ein Kalendersystem gab. Die Quellenlage ist schwierig. Für eine Existenz des ägyptischen Kalenders bereits im 3. Jt. v. Chr. hat man als Anhaltspunkt den Sirius auf einer frühen Elfenbeinplatte des Pharao Djer (1. Dynastie) genannt; dieselbe Platte wird aber von anderen Gelehrten unterschiedlich gedeutet.

Ein Himmelsbild im Grab Sethos' I.

In Ägypten wurden Sterne, deren Aufgang zehn Tage auseinander lagen, als Dekane aufgezeichnet. Ein frühes ägyptisches Himmelsbild ist die Deckenmalerei im Grab des Pharao Sethos I., der 1290 starb (Abb. 4,8); er ist der Vater des berühmten und lang regierenden Ramses II. (1290–1224). Auf diesem Bild beherrschen die Dekane die Darstellung; es sind dies die eng gereihten Figuren am Ansatz der Deckenwölbung. Jeder Dekanstern hat einen Namen und eine ihm zugeordnete Gottheit; sie erscheinen goldfarben vor dem nachtblauen Himmel.

An anderer Stelle im Grab desselben Pharao Sethos I. erscheinen Gottheiten, die dem Mond zugeordnet werden und die Mondzyklen verkörpern. Noch älter als die Malereien im Sethosgrab sind Dekan- und Mondgottheitsdarstellungen im Grab des Senmut (Senenmut), eines Günstlings der Königin Hatschepsut aus der 18.

4,7 Ägypten: Heliakischer (in der Morgendämmerung stattfindender) Siriusaufgang.

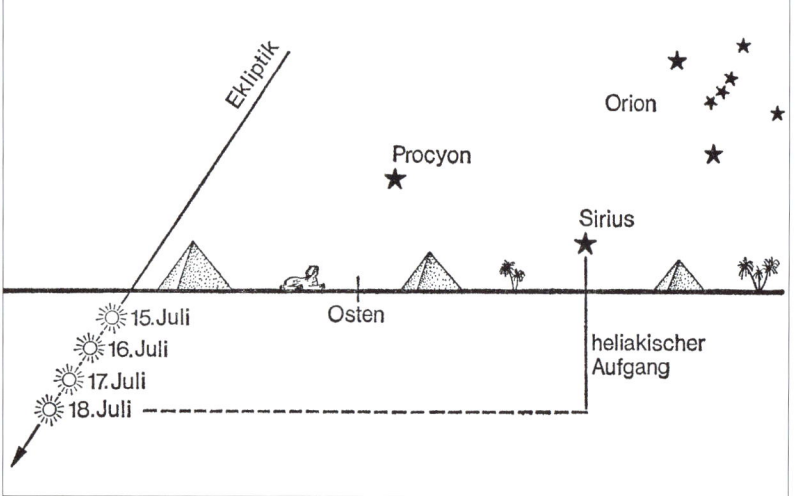

Dynastie (1490–1468 v. Chr.). Die zwölf Zodiakalzeichen, welche eine babylonische Schöpfung sind, spielen in diesen frühen ägyptischen Darstellungen noch keine Rolle; sie erscheinen in Ägypten erst später unter babylonischem Einfluss und sind auch durch jeweils drei Dekane unterteilt worden (vgl. Abb. 1,9).

Pyramidenmystik

„Ich gehe nach Ägypten, dem Land der alten Wunder": So verlässt Graf Rudolf in Joseph von Eichendorffs 1815 erschienenem Roman *Ahnung und Gegenwart* seine europäische Heimat. Ägypten war nicht allein ein klassisches Land der Astrologie, es war auch immer der vermutete Hort geheimer Kenntnisse; Ägypten beherrschte als exotischer Kulturbezug Europa spätestens nach Napoleons Ägyptenexpedition 1798–1801 und nach der Welle einer seit damals bei uns herrschenden Ägyptomanie. Der Boden war freilich vorbereitet: Ägypten galt schon vorher als Land der Mirakel, der exotischen Götter, der Mysterien (Motive in Mozarts Zauberflöte). Die Pyramiden von Gizeh (vgl. Abb. 4,3/4,5) sind das einzige Weltwunder der Antike, das an gleicher Stelle noch aufrecht steht und das für seine Wirkung keiner archäologischen Rekonstruktion bedarf.

Archäologische Erfolge wie das Freilegen der Tempel in Luxor und Karnak, die Erforschung der Pharaonengräber im Tal der Könige und die Entdeckung des Grabes des Tut-anch-Amun (1922) taten ein Übriges. Der Fluch des Pharao durchwirkt seitdem Filme und Romane. Die esoterische Literatur über die Pyramiden füllt Regale. Kein Wunder, dass sich die seit Däniken häufiger auftretenden Spekulationen über frühgeschichtliche Eingriffe Außerirdischer in das irdische Geschehen auch mit Ägypten verbanden (‚Stargate', Sternentor, amerikanischer Spielfilm von 1995).

Eine Verbindung der Pyramiden von Gizeh mit geheimnisvollem technischen Wissen zu suchen, begann gleich nach der folgenreichen Ägyptenexpedition Napoleons. In den 200 Jahren seit 1798/1801 hat man seitdem kaum ein Feld ausgelassen, das man nicht mit den Pyramiden verband, von der Suche nach verborgenen Schätzen bis zur Interpretation der Pyramiden als Architekturkompendien umfassenden astronomischen Wissens oder gar als göttlicher oder außerirdischer Konstruktionen.

Die genaue Nordorientierung der Cheopspyramide hat man bisweilen als unerklärlich und deshalb auf geheimem Wissen basierend dargestellt, falls man nicht gleich wieder Außerirdische bemühte. Otto Neugebauer hat in einem

4,8 Deckenmalerei im Grab des Pharao Sethos I. 19. Dynastie. 1304–1290 v. Chr. Ägypten, Tal der Könige.

4,9 Schild des Achilleus. Rekonstruktion P. Connolly.

Bildete oben darauf die Erde, das Meer und den Himmel,
Ferner den vollen Mond und die unermüdliche Sonne,
Dann auch alle Sterne dazu, die den Himmel umkränzen,
Oben das Siebengestirn, die Hyaden, die Kraft des Orion,
Und den Bären, den auch mit Namen den Wagen sie nennen,
Der auf der Stelle sich dreht und stets den Orion belauert,
doch als einziger nicht teil hat an Okeanos' Bade.

Den Rand des Schildes (Abb. 4,9) umschlingt der Ozean, das Zentrum nimmt die Sternenkarte des Nordhimmels ein, man könnte fast sagen eine Planisphäre nach späterer Art; erwähnt werden das den Nordhimmel beherrschende Bild des Bären (Ursa Maior) und die beiden Konstellationen des Taurus (Stier, vertreten durch die Hyaden und die Pleiaden) und des Orion.

Die Auswahl von Ursa Maior, Taurus und Orion heißt, dass Homer den astronomischen Nordpol sowie ungefähr die Tag- und Nachtgleiche des Frühjahrs nennt, jenes Äquinoktium, welches sich in den Jahren um 2000 v. Chr. langsam vom Taurus in den Aries vorschob.

Es gibt übrigens aus dem Altertum keine adäquate Darstellung der Bilder auf dem Schild des Achilleus. Wie sehr man die Sache notfalls vereinfachte, zeigt eine Schale des sog. Erzgießereimalers in Berlin, eine Arbeit der Jahre 490/480 v. Chr. (Abb. 4,10); der Künstler beschränkte sich auf die zeichenartige Angabe von vier Sternen, während das Bild des Adlers mit der Schlange im Zentrum überhaupt nichts mehr mit Homers Text zu tun hat.

In der Ilias (Ilias 18, 486) wurden die Plejaden neben den Hyaden, dem Orion und dem Großen Bären genannt. In Homers Odyssee 5, 271–277 segelt Odysseus von Kalypsos Insel fort; er segelt nach Osten und orientiert sich an den Plejaden, dem Bootes und dem Großen Bären.

Homer, Odyssee 5, 271–277:

Nie überfiel seine Lider der Schlaf; die Plejaden behielt er
Immer im Auge und stets den Bootes, der spät erst hinabsinkt,
Stets auch die Bärin, die manche auch Wagen benennen. Sie dreht sich
Immer am nämlichen Ort und schielt auf Orion; denn sie nur

lakonischen Aufsatz von gerade 37 Druckzeilen vorgeführt, wie man mit Hilfe eines Schattenzeigers (Gnomon) und der Beobachtung des kreissegmentförmigen Schattenbogenverlaufs zur Mittagszeit die genaue Nordsüdorientierung erzielen konnte. Als Gnomon konnte sogar die Spitze eines kleinen Pyramidenmodells (Pyramidion) dienen.

Der Schild des Achilleus und die Sterne der Seefahrer

Die Griechen betreten das Feld des Sternenhimmels mit ihrer großen frühen Poesie, den Epen Homers, den Lehrversen Hesiods, der Lyrik Sapphos.

Des Achilleus Waffen, die sein Freund Patroklos getragen hatte, erbeutete Hektor, als er Patroklos tötete. Der Kampf um Troia erlebt seinen Umschwung, als Achilleus beschließt, in den Krieg zurückzukehren. Seine Mutter Thetis holt beim göttlichen Schmied Hephaistos des Achilleus neue und unerhört glänzende Waffen ab. Den Schild beschreibt Homer im 18. Gesang der Ilias in den Versen 478–608. Vom Himmelsbild auf dem Schild sprechen die sieben Zeilen Homer, Ilias 18, 483–489:

Kennt kein Bad in der Flut des Okeanos. Immer zur Linken
Sollte er sie haben; so hatte die hehre Göttin Kalypso
Streng ihm gesagt für die Fahrt.

Daneben kennt Homer den Sternvergleich. Viermal vergleicht er einen Krieger mit einem Stern: Diomedes mit Sirius (Ilias 5, 5–7); Hektor mit Sirius (Ilias 11, 62–66); Achilleus mit Sirius (Ilias 22, 25–32); den Glanz auf der Speerspitze des Achilleus mit dem Abendstern Hesperos (Ilias 22, 315–319).

Lehrgedicht und Lyrik

Sind Sternnamen und Sternvergleiche in den beiden homerischen Epen nicht rar, so vervielfältigen sich diese Zitate in den um 700 v. Chr. entstandenen *Erga ('Werke und Tage')*, dem 828 Verse umfassenden Lehrgedicht des Dichters Hesiodos aus Askra in Böotien (Mittelgriechenland). Die *Erga* sind ein Lehrgedicht für den Bauern, verbunden mit zahlreichen Sternzitaten zur Orientierung bei der Arbeit auf dem Felde im Laufe eines Jahres. Die Plejaden im Taurus nennt Hesiod im Zusammenhang mit Aussaat und Ernte, den Arcturus (α Boo) beim Weinbau. Wieweit damals viele Bauern den Himmel so genau beobachten konnten, muss dahingestellt bleiben. Vor allem die nicht sehr lichtstarken Plejaden sind nur dem kundigen Auge sichtbar; es genügte freilich notfalls für jede Gegend, dass es einen oder zwei Wissende gab, die den Himmel lesen konnten.

Sterne mit dem Klima zu verbinden, blieb im gesamten Altertum üblich: *Ebenso erscheint der Arcturus fast nie ohne Hagelsturm. Wer weiß ferner nicht, dass mit dem Aufgang des Sirius sich die Hitze der Sonne steigert?* (Plinius, nat. hist. 2, 106–107).

Sapphos kurzes Lied von ihrem einsamen Warten nach Mitternacht ist im höchsten Grade einprägsam und weist diesem kleinen Sternhaufen neben Homer und Hesiod einen bedeutsamen Platz im griechischen Denken zu:

Der Mond ist untergegangen, und die Plejaden.
Mitternacht ist vorbei, und die Zeit des Wartens.
Ich aber schlaf allein.
Sappho von Lesbos 5, 94D
(F 168 B Voigt.– um 600 v. Chr.).

Dabei ist es wie bei vielen poetischen Sternzitaten nicht so entscheidend, ob die Angaben astronomisch zutreffend sind. Im Falle der Sapphoverse wäre dies sogar möglich, wenn man einen gemeinsamen Abenduntergang von Mond und Plejaden am Frühlingsbeginn annimmt; um einen Vollmond handelt es sich natürlich nicht, weil dieser die ganze Nacht sichtbar ist.

4,10 Thetis erhält von Hephaistos die neuen Waffen für ihren Sohn Achilleus. Auf dem Schild vier Sterne. Keramik. Schale des sog. Erzgießereimalers, Athen, 490/480 v. Chr. Berlin, Staatliche Museen, Antikensammlung F 2294.

4,11 Das Graffito von Ischia am Golf von Neapel. Zeichnung auf Kraterscherbe der Zeit um 700 v. Chr.

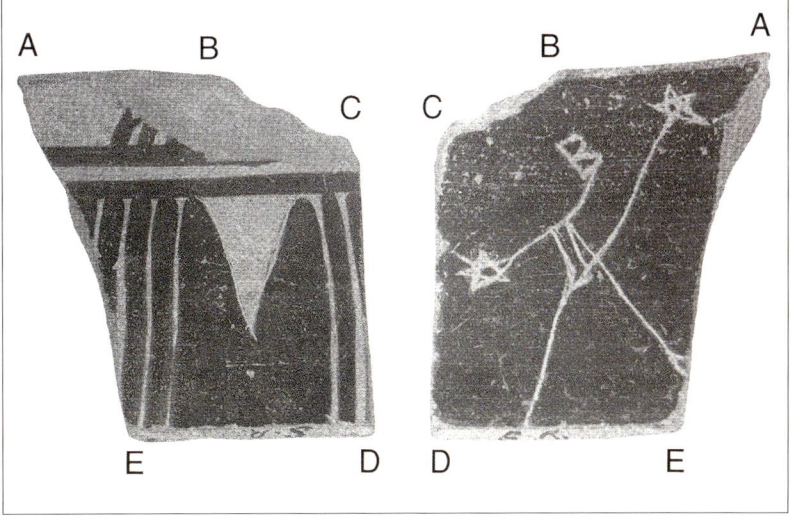

4,12 Rekonstruktion der Erdkarte des Hekataios von Milet.
Um 500 v. Chr.

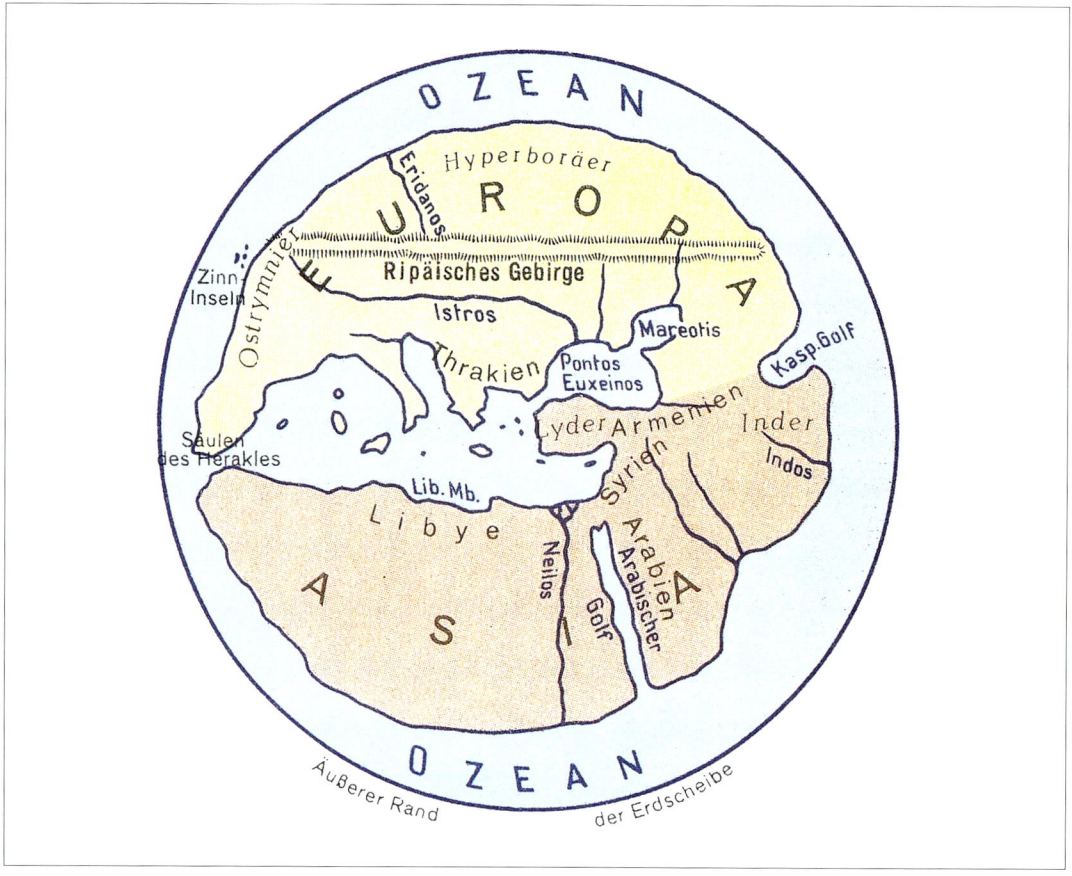

4,12 Rekonstruktion der Erdkarte des Hekataios von Milet.
Um 500 v. Chr.

Das Graffito von Ischia

Der Bootes (Ochsenführer, Bärenführer) hat durch die frühen Zitate in der griechischen Literatur Aufmerksamkeit verdient. In späteren Bildern wird er als Mann mit kurzem Rock und Keule dargestellt. Den Bootes hat man auf einer spätgeometrischen Keramikscherbe aus Pithekoussai (Ischia) am Golf von Neapel erkennen wollen, die um 700 v. Chr. datiert wird (Abb. 4,11); darauf erscheint ein Graffito (Einritzung), das eine dem Bootes ähnliche Konstellation zeigt, zusätzlich mit dem Buchstaben B versehen. Das wäre eine bemerkenswerte Überraschung, weil dann schon in der frühen Zeit der homerischen Epen eine Liniendarstellung von Sternenkonstellationen belegt wäre. Leider ist das Keramikfragment bei Grabungen am Fuße der Akropolis von Pithekoussai/Ischia gefunden worden (1994, nahe der Kirche S. Restituta in Lacco Ameno), bei denen es sich um nicht stratifiziertes Material handelt; man kann also nur vermuten, dass die Scherbe von oben heruntergefallen war.

Die Datierung des Graffito ist deshalb nicht sicher: Man könnte auch an spätere Zeiten denken, denn das Datum um 700 v. Chr., also die Zeit Homers, beruht nur auf der keramologi-schen Interpretation der Scherbe, und Keramikscherben hat man ja auch später für Graffiti benutzen können. Für die Zeit Homers scheint mir die Abstraktion der Skizze zu groß zu sein.

Sonnenfinsternisse

Eine Sonnenfinsternis ist noch heute ein öffentliches Ereignis; im Altertum war es ein starkes Omen. In ägyptischen Quellen sind sicher datierbare Sonnenfinsternisse nicht verzeichnet – und auch die Liste der Mondfinsternisse beschränkt sich auf ein Datum in der Spätzeit (610 v. Chr.), während man dann aus dem späten ptolemäischen Ägypten aus den zehn Jahren zwischen 84 v. Chr. und 74 v. Chr. ganze 18 Nachrichten hat; doch dies bezieht sich auf das hellenistische Ägypten, das vom pharaonischen Ägypten genau zu trennen ist.

In den babylonischen astronomischen Tagebüchern werden hingegen zwischen 747 v. Chr. und 41 v. Chr. fast 150 Mondfinsternisse genannt, davon fast die Hälfte (70) aus den Jahren nach 330, als Mesopotamien von Alexander erobert wurde, und danach zuerst zum Seleukidenreich, später dann zum kulturell hellenistisch geprägten Partherreich gehörte.

In Mesopotamien hat man von 763 bis 10 v. Chr. 25 Sonnenfinsternisse verzeichnet, davon drei aus assyrischer und zwei aus persischer Zeit; die übrigen Daten sind hellenistisch. Für Mesopotamien und Ägypten belegen im Übrigen auch die Angaben über Sonnen- und Mondeklipsen, dass den wenigen ägyptischen viele mesopotamische Informationen gegenüberstehen – auch dies ein Zeichen für die Überlegenheit der Astronomie des Zweistromlandes.

Im Zusammenhang mit Sonnen- und Mondfinsternissen taucht manchmal der Begriff Saroszyklus auf. Mit Saros bezeichnete der englische Astronom Edmond Halley, der Namenspatron des Halleykometen, einen von den Babyloniern (Chaldäern) um 400 v. Chr entdeckten Zyklus von Mondfinsternissen; Saroszyklen von Mond- und Sonnenfinsternissen dauern 18 Jahre und 10 bzw. 11 Tage.

Die Genies aus Milet:
Thales, Anaximandros, Hekataios

Die griechische Astronomie beginnt mit einer ganzen Reihe großer Denker aus dem ionischen Milet (Miletos) an der kleinasiatischen Westküste südöstlich von Samos. Es war dies jenes Milet, welches seit 670 v. Chr. als Mutterstadt unglaubliche Zahlen von Kolonien an die Küsten des Mittelmeers und des Schwarzen Meers entsandte (über 90 nach Plinius, nat. hist. 5, 112).

Thales von Milet hat angeblich die Sonnenfinsternis vom 28. Mai 585 v. Chr. vorhergesagt.

Ob er sie nur für dieses Jahr oder innerhalb des Jahres genauer ankündigte, ist durchaus ein Problem. Die Quellen sind Bemerkungen von Herodot, Cicero und Plinius. Die Einzelheiten sind und waren umstritten, doch hat eine Überprüfung der Laufbahn des Mondschattens dieser Finsternis ergeben, dass dieser in der Tat schräg von Nordwesten nach Südosten durch Kleinasien lief. Vorhersagen dieser Art waren nur durch langjährige Beobachtungen der Mondphasen möglich, wofür Thales allenfalls babylonische Aufzeichnungen hätte heranziehen können.

Thales war der erste der großen ionischen Naturphilosophen. Sein Bild vom Kosmos kennen wir nicht, wohl aber das Weltbild des Anaximandros von Milet. Er setzt in einem geozentrischen System die Erde ins Zentrum des Alls, um die sich die Planeten und die Fixsterne sowie Mond und Sonne drehen. Das Revolutionäre war seine Idee des Himmels als einer Kugel.

Die Geographie als Parallelwissenschaft zur Himmelskunde erblühte ebenfalls im kleinasiatischen Ionien. Der erste Schöpfer einer Weltkarte war Anaximandros um 550. Sein Schüler Hekataios schuf eine Weltkarte, die man nach seinen fragmentarisch greifbaren Schriften und nach Bemerkungen Herodots rekonstruieren kann (Abb. 4,12). Das Studium dieser Karte hielt um 500 v. Chr. den Spartanerkönig Kleomenes von einem Perserfeldzug ab, weil es drei Monate gedauert hätte, bis man im besten Fall die Perserresidenz Susa erreichen konnte (die Geschichte steht bei Herodot V 49).

5 Die Geburt der Wissenschaft: Astronomen des Hellenismus

Der Hellenismus – eine historische Weichenstellung

Seit dem Zeitalter der Entdeckungen im 15. und 16. Jahrhundert denken wir Europäer in weltweiten Dimensionen. Weltgloben zeigten die Kugelgestalt der Erde und sämtliche Ozeane; es wuchs ein Gefühl für universale Distanzen und für die Energie, sie zu überwinden; Europa schickte sich an, die Welt zu beherrschen.– Dies war nicht Europas erster Schritt dieser Art. Im Altertum hatte man Vergleichbares bereits schon einmal durchlebt.

Bis zum Beginn des 1. Jahrtausends v. Chr. bestimmte der Orient Europas Kulturwege. Die Reiche Ägyptens, Syriens und Mesopotamiens waren Maßstab wie Motor der kulturellen Entwicklung. Als die Perserkönige Dareios und Xerxes in den Jahren 490/480 v. Chr. ihre Armeen nach Griechenland schickten, war dies die letzte historische Woge der Ost-West-Strömung, in der Europa Stadtkultur, Kunst und Schrift vom Orient übernahm. Nur 150 Jahre nach den ge-

5,1 Alexander der Große. Marmorkopf von der Akropolis in Pergamon, Kleinasien. H. 41 cm. 2. Jh. v. Chr. Istanbul, Archäologisches Museum Inv. 1138 T.

scheiterten Perserinvasionen schlug das historische Pendel zurück: In den wenigen Jahren seiner Regentschaft zwischen 336 und 323 v. Chr., zwischen seiner Thronerhebung in Makedonien und seinem Tode im fernen mesopotamischen Babylon, wirbelte Alexander (Abb. 5,1) die Weltkarte durcheinander, beseitigte alte Reiche, erschuf neue, erreichte die Grenzen physischer und geistiger Möglichkeiten eines Herrschers und Kriegsherrn.

Der Hellenismus umfasst historisch die Jahrhunderte zwischen Alexander dem Großen († 323 v. Chr.) und dem ersten Römerkaiser Augustus († 14 n. Chr.); geographisch umspannen die hellenistischen Länder einen für antike Verhältnisse riesigen Raum zwischen dem Mittelmeer und der indischen Westgrenze (Abb. 5,2). Der Hellenismus ist vom Wesen her schließlich das Miteinander und das Nebeneinander griechischer Kultur mit den Traditionen Ägyptens und des Orients.

Die von Alexander forcierte direkte Verschmelzungspolitik zwischen Makedonen, Griechen und Orientalen gab man zwar wieder auf, und alle hellenistischen Monarchen stützen sich auf eine gräko-makedonische Elitenschicht in Militär, Verwaltung und Technik (im Krieg spielte auch oft genug das Söldnerwesen eine wichtige Rolle); dennoch war eine Entwicklung eingeleitet, welche griechischem Geist den Weg nach Osten ebnete, gleichzeitig freilich auch orientalischer Tradition in Wissenschaft und Religion die Tore nach Westen öffnete.

Die hohe Zeit der antiken Wissenschaft

Zwischen dem 4. und 1. Jahrhundert v. Chr. bescherten Wissenschaftler der verschiedensten Gebiete der Nachwelt jenen wissenschaftlichen Aufbruch, der für das Europa der Neuzeit die Basis eines heute noch anhaltenden Erkenntnisfortschritts bildet. Moderne Geographie und Mechanik, moderne Mathematik und Geometrie, moderne Medizin und Zoologie, moderne Astronomie und Philologie, sie alle fußen auf der Forschung des Hellenismus.

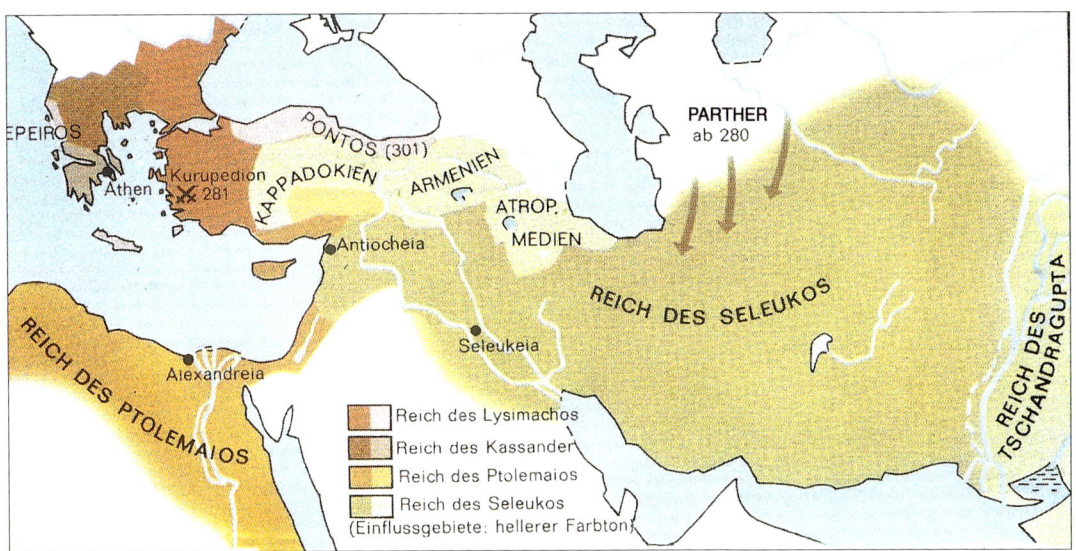

5,2 Die Diadochenreiche um 300 v. Chr. Aus dem zerfallenen Alexanderreich entstanden die Machtzentren des Hellenismus.

Zentrum dieses außerordentlichen Fortschritts war das *Museninstitut (Mouseion)*, welches König Ptolemaios II. (283–247 v. Chr.) in Alexandrien gründete (Abb. 5,5). In der Medizin begann im 3. Jahrhundert in Alexandrien mit den Ärzten Erasistratos und Herophilos die Ära der Chirurgie und Anatomie. Der Geograph Eratosthenes berechnete den Erdumfang auf ca. 39 700 km, was dem durchschnittlichen Erdumfang von 40 000 km fast schon exakt entsprach. Eratosthenes wusste noch, dass Afrika eine Insel ist, was man 400 Jahre später zur Zeit des Ptolemaeus schon wieder aus den Augen verloren hatte; er betrachtete ganz richtig Europa, Afrika und Asien als einen großen, zusammenhängenden Inselkontinent, und er kannte den Seeweg von Spanien um Afrika herum nach Indien als eine reale Möglichkeit (Abb. 5,3).

Aus den Gebieten der Mechanik und des Maschinenbaus erreichen uns faszinierende Nachrichten. Im Kleinformat baute man Dinge, die uns heute noch vertraut sind, von der mit Luftdruck arbeitenden Orgel bis zum Kleinautomaten, vom rotierenden Dampfkolben bis zur Kalenderuhr. Der Schritt zum echten, nämlich wirtschaftlich nutzbaren Maschinenbau geschah freilich erst in Europa vom 18. Jahrhundert an.

Die hellenistischen Monarchen förderten Kunst und Wissenschaft, sie erlaubten es Gelehrten, ohne materielle Einschränkung zu forschen. Die gewaltigen Leistungen der hellenistischen Philologie (Texteditionen der griechischen Autoren von Homer bis zu den Klassikern) und Wissenschaft schufen die Basis des römischen und europäischen geistigen Erbes.

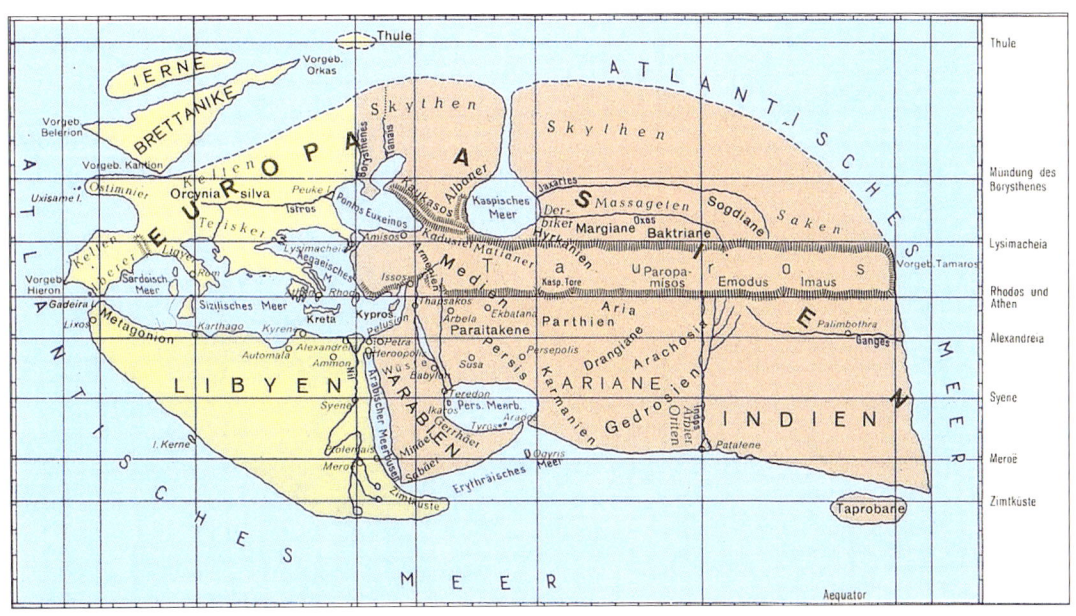

5,3 Weltkarte des Eratosthenes. Alexandrien. 3. Jh. v. Chr.

5,4 Illustrierter Papyrus mit Text des Astronomen und Mathematikers Eudoxos von Knidos. 2. Jh. v. Chr. Paris, Louvre.

Eudoxos von Knidos

Eudoxos, Mathematiker und Astronom, lebte von 391/390 bis 338/337 v. Chr. Seine Schrift *Phainomena (Erscheinungen)* enthält Listen jener Sterne, die zusammen mit den Tierkreiszeichen in der Nacht aufgehen. Aus der Art seiner Angaben und auch weil Eudoxos wusste, dass man je nach geographischer Breite verschiedene aufgehende Sterne sieht, hat man geschlossen, dass Eudoxos von der Kugelgestalt der Erde ausging, und dass er einen Himmelsglobus gehabt haben muss. Mehr weiß man darüber freilich nicht. Was die Kugelgestalt unserer Erde betrifft, so waren auf dem rein spekulativen Gebiet die griechischen Philosophen (Schule des Pythagoras, Parmenides von Elea) die ersten, welche diese Theorie aufstellten.

Nicht erst seit Eudoxos, sondern bereits seit dem babylonischen astronomischen Kompendium Mul Apin um 700 v. Chr. wuchsen die Kenntnisse über die Planetenbahnen. Man wusste, dass sich die Planeten konträr zu den Fixsternen bewegten, so wie es von der Erde aus bei einem geozentrischen Weltbild aussah: Sie laufen von West über Süd nach Ost. Auch hatte man registriert, dass sich Sonne, Mond und Planeten im Bereich des Tierkreises (Zodiacus) bewegten.

Wissenschaftliche Publikationen werden von nun an illustriert. Das bisher älteste Beispiel aus dem Altertum ist ein im 2. Jh. v. Chr. geschriebe-

ner Papyrus im Pariser Louvre (Abb. 5,4). Es ist die *ars astronomica*, das Elaborat eines Schülers oder Studenten, der dabei ein Werk des Eudoxos exzerpiert hat. Die eingefügten Skizzen stammen vom Schreiber und nicht von Eudoxos. Einige sind leicht verständlich, so die Zwölfereinteilung des Zodiacus (vgl. Abb. 5,4 links).

Geozentrisches und heliozentrisches Weltbild: Aristarchos von Samos

Die Mehrzahl der antiken Gelehrten folgte der Weltsicht, dass die Erde im Zentrum stünde (geozentrisches System; griech. Ge = Erde). Um die Erde drehen sich die sieben Sphären der „Planeten", zu denen man neben den echten Planeten Merkur, Venus, Mars, Jupiter und Saturn auch Sonne und Mond zählte (Abb. 5,6).

Zum ersten Mal in der Weltgeschichte sprach man im Hellenismus aber auch davon, dass die Sonne und nicht die Erde im Mittelpunkt unseres Planetensystems stehe, wenn sich auch diese Theorie des Aristarchos von Samos (310–230 v. Chr.) nicht durchsetzte. Das heliozentrische System setzt die Sonne (griech. Helios) in das Zentrum des Kosmos, wobei man damals zum ersten Mal die Idee „unseres Sonnensystems" vertrat, ein uns heute alltäglicher Gedanke.

Von den Schriften des Aristarchos, des Kopernikus der Antike, ist nur die Abhandlung *Über die Größe und Entfernung von Sonne und Mond* erhal-

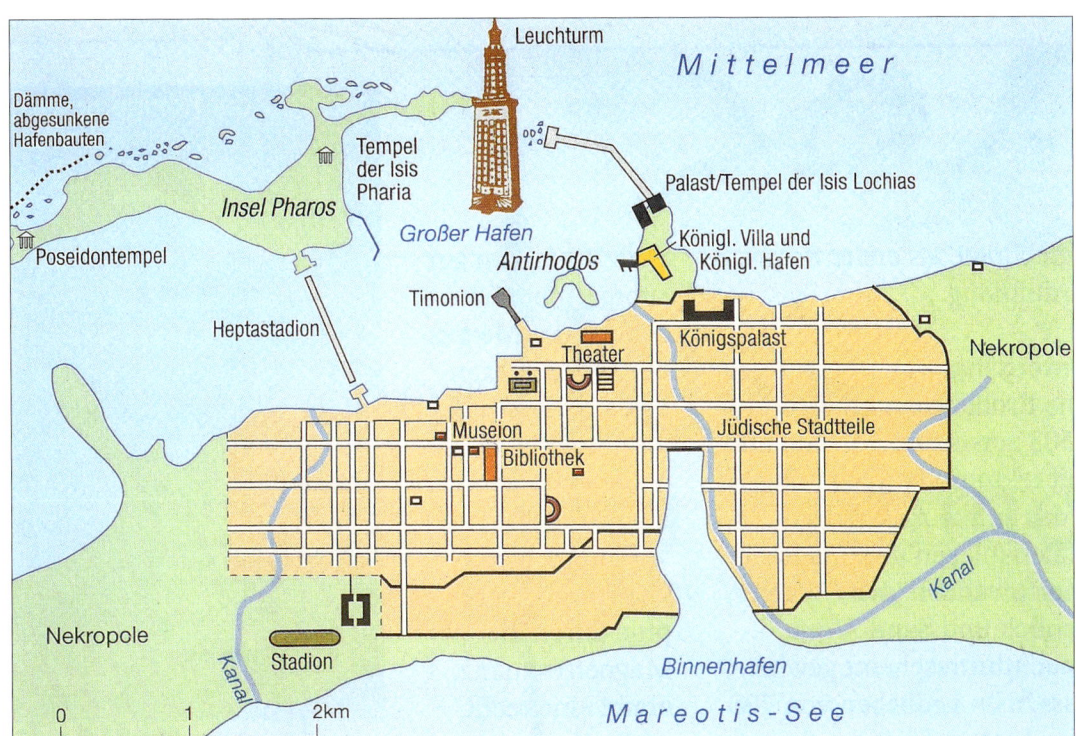

5,5 Alexandrien, Ägypten, im 3.–1. Jh. v. Chr.

5,6 Das geozentrische Kosmos-system. Die Erde im Zentrum des Alls ist von den antiken sie-ben Planeten umgeben: Mond, Merkur, Venus, Sonne, Mars, Jupiter und Saturn. Andreas Cellarius 1661.

5,7 Das Mithräum von Heidelberg-Neuenheim, Baden-Württemberg. Um 200 n. Chr. Rekonstruktion Heidelberg, Kurpfälzisches Museum.

ten. In Stichworten zusammengefasst erfahren wir freilich des Aristarchos Thesen in einem Bericht des Archimedes von Syrakus, der von 287 bis 212 v. Chr. lebte, also ein Zeitgenosse war: *Seine Annahmen lauten, dass die Fixsterne und die Sonne unbewegt sind, dass die Erde in einer Kreisbahn um die Sonne läuft, dass die Sonne in der Mitte der Umlaufbahn ruht ...* (Archimedes, Werke II, S. 244 Heiberg). Seine revolutionären Thesen vertraten eine Position der Sonne im Zentrum des Alls, eine Bewegung der Erde und der Planeten um die Sonne, einen ruhenden Fixsternhimmel und eine sehr große Entfernung des Fixsternhimmels von der Sonne und der Erde.

Aristarchos war auf dem richtigen Weg, konnte sich im Altertum aber leider nicht durchsetzen, vor allem weil der überragende Hipparchos von Nikaia beim geozentrischen Weltbild blieb, und des Hipparchos Autorität war entscheidend für die folgende Entwicklung.

Hipparchos von Nikaia

Der wahrscheinlich bedeutendste antike Astronom, Hipparchos von Nikaia (2. Jh. v. Chr.) schuf einen Fixsternkatalog und erkannte das Phänomen, dass sich die Äquinoktien (Tagundnachtgleichen; 21. März und 23. September) in jedem Jahr einige Sekunden nach vorne verschieben. Der Frühlingspunkt des 21. März lag zu des Hipparchos Zeit noch im Sternbild des Widder, während er sich dann 2000 Jahre lang bis zu unserer Zeit im Sternbild der Fische befand, von wo aus er nun in das des Wassermanns wandert; der Grund dieser Bewegung (Präzession) des Frühlingspunktes liegt in der Erdachsenkreiselbewegung.

Der Weg der taumelnden Erdachse beschreibt in ca. 25 800 Jahren einen Umlauf (s. o. Kap. 2). Alle 2160 Jahre schreitet der Frühlingspunkt in ein anderes Zeichen zurück. In den Jahren von ca. 4000–ca. 2000 v. Chr. lag er im Stier, es war das Stierzeitalter. Von ca. 2000–0 lag er im Widder, es ist das Widderzeitalter. Dann begann das Fischezeitalter, dessen Ende wir jetzt erleben. Die nächsten 2000 Jahre werden das Wassermannzeitalter sein.

Präzession und Mithrasreligion

Die Präzession des Frühlingspunktes spielt eine wichtige Rolle bei einer in der Archäologie wie der Religionsgeschichte seit einigen Jahren mit Verve geführten Diskussion um die Entstehung der Mithrasreligion (Abb. 5,7). Mithras war ein aus dem östlichen Kleinasien stammender Gott, dessen Religion griechische und iranische Elemente vereinigt. Im Römerreich blühte die Mithrasreligion seit dem 1. Jh. n. Chr. auf und erlebte im 2. und 3. Jh. ihren Höhepunkt. Sie war einer der Hauptkonkurrenten des Christentums und wurde nach dem christlichen Sieg im 4. Jh. deshalb unterdrückt.

Die Kultbilder der Mithrastempel (Abb. 5,8) zeigen immer die Szene, in der Mithras den Weltenstier tötet, und wie aus dem Blut des Stieres neues Leben erwächst. Man hat immer schon bemerkt, dass die Mithrasbildwelt voller Astralbezüge ist. Das beginnt mit Zitaten von Sonne (Sol) und Mond (Luna) oberhalb der Stiertötungsszene. Es setzt sich fort in jenen Szenen, in denen Mithras direkt zusammen mit dem Sonnengott erscheint. Und es kulminieren diese Elemente in der Stierszene selbst, wo neben dem Stier mit der Schlange, dem Raben, dem Mischgefäß, dem Löwen und dem Skorpion eine ganze Reihe von Sternbildern erkannt werden können, die wie Stier (Taurus), Löwe (Leo) und Skorpion (Scorpio) direkt dem Zodiacus angehören, oder die sich nahe am Zodiacus befinden: Hund (Canis Maior, Canis Minor), Schlange (Hydra), Rabe (Corvus), Becher/Mischgefäß (Crater).

Im Mithras selbst werden diese kosmischen Elemente besonders deutlich, wenn sein Mantel als Sternenmantel gestaltet ist: Der Mantel des Mithras im Mithräum von Marino in den Albanerbergen bei Rom (vgl. Abb. 10,13) gleicht einem Himmelsglobusgemälde. Ungefähr in der Mitte sind zwei Gewandfalten so schräg im Bogen gezogen, dass sie wie eine Andeutung des Zodiacus aussehen.

Man hat deshalb bereits versucht, zwischen Mithras und bestimmten Gestirngottheiten Verbindungen zu suchen, z. B. mit Orion. In jüngster Zeit hat man zwischen der Mithrasbildwelt und der Präzessionsentdeckung des Hipparchos eine Verbindung herstellen wollen.

Der Frühlingspunkt befand sich, wenn man ihn in das Zeichen des Stieres zurückschiebt, in den Jahren ca. 4000–ca. 2000 v. Chr. in dieser Zodiakalposition. In jenen Generationen des späten Neolithikums und der frühen Bronzezeit herrschte also das *Stierzeitalter*. Auf einer Sternkarte mit dem Frühlingspunkt im Stier befinden sich alle Mithraszeichen zwischen dem Frühlingspunkt im Stier und dem Herbstpunkt im Skorpion (Abb. 5,9). Wegen dieser Übereinstimmung hat man angenommen, dass die Mithraskultbilder auf diese astronomische Rückdatierung Bezug nehmen und in verschlüsselter Form die Entdeckung des Hipparchos wiedergeben. Mithras sei mit dem über dem Stier (Taurus) erscheinenden Perseus zu verbinden, und er sei ein Weltenherrscher, der eben wegen der Anspielung auf das weit zurückliegende Stierzeitalter als

5,8 Mithraskultbild. Aus der Gegend von Sterzing (Vipitenum), Südtirol. Kalkstein. H. 120 cm. 3. Jh. n. Chr. Sterzing, Hof des Rathauses. Kolorierter Abguss. Innsbruck, Universität, Institut für Klassische und Provinzialrömische Archäologie.

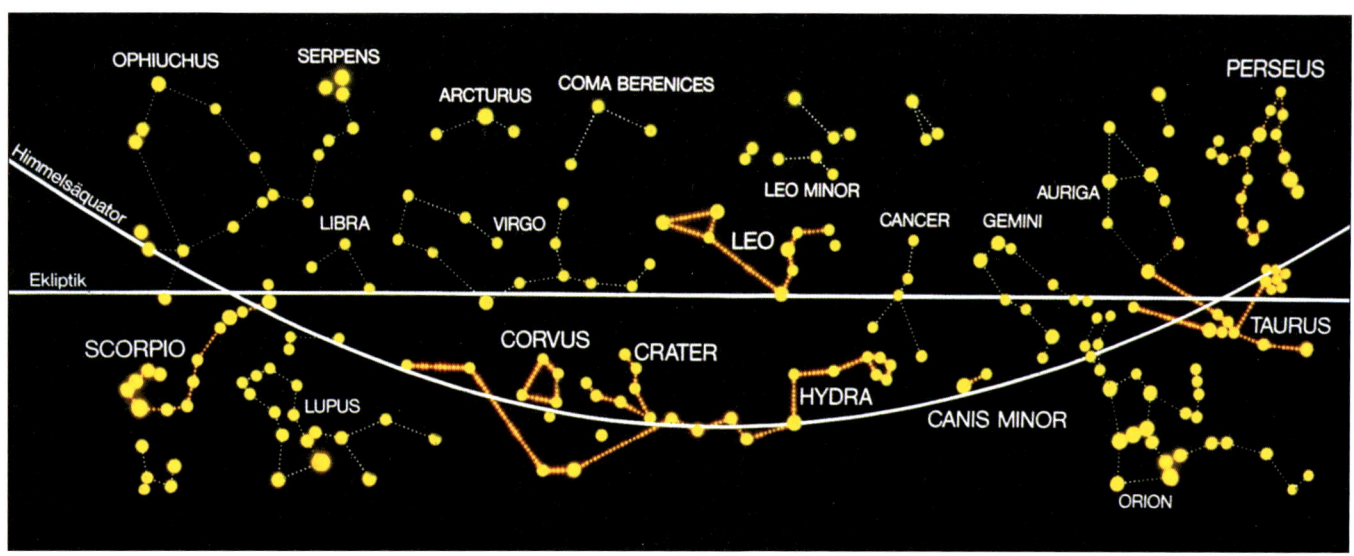

5,9 Der Himmel des Stierzeitalters, um 4000 v. Chr. Der
Frühlingspunkt liegt im Stier,
der Herbstpunkt im Skorpion.
Leuchtgraphik (1998) im Archäologischen Museum, Frankfurt am Main.

Schöpfer der Erdbewegung, der Präzession und des ganzen Universums auftrete. Indem Mithras den Stier tötet, zeigt er auch – wieder verschlüsselt – das Ende des Stierzeitalters an.

Freilich ist es kaum vorstellbar, dass aus der Entdeckung eines astronomischen Vorgangs, der Präzession des Frühlingspunktes, ein Mysterienreligionselement werden sollte. Religionen kann man nicht vom Schreibtisch aus erschaffen.

Die Präzession des Frühlingspunktes und ihre Rückprojektion auf das 4. und 3. Jahrtausend vor Christus haben vielleicht des Hipparchos Kollegen mit Bewunderung oder Neid erfüllt, nicht aber das Publikum auf der Straße. Weiß doch auch heute außerhalb der astronomisch Interessierten kaum jemand, warum man das Zeitalter des Aquarius zitiert. Und das Christentum war erfolgreich, weil es einen Ausweg aus dem irdischen Leben verhieß, so man diesen haben wollte – und nicht wegen des Sterns von Bethlehem, um den man ja auch ein astronomisches Bildprogramm hätte bauen können, wenn man es denn gewollt hätte.

Die Locke der Berenike

Die Mythen der Völker des Altertums kennen Sternsagen, die den Menschen berichteten, wer von den Göttern an den Himmel versetzt wurde und damit die Unsterblichkeit erlangte. Perseus und Andromeda stehen vereint am Nordhimmel, das Schiff Argo der Argonauten und ihres Helden Jason gelangte an die Südhemisphäre, der Jäger Orion schaut für immer nach Norden zum Stier und zum Großen Bären hin. Die Germanen sahen im Orion Freyas Rocken und im Sirius Lokis Feuer.

Solche großen Mythen konnten in höfischer Eleganz als schmeichelndes Kabinettstück erfunden werden. Auf dem Mainzer Himmelsglobus ist der Schwanz des Löwen steil nach oben gezogen und durch einen Einzelstern gesondert gekennzeichnet (Abb. 5,10). Gemeint ist damit die Locke der Berenike (Coma Berenices). Als Schwanzquaste des Löwen war das Sternbild schon immer bekannt, wenn auch nicht besonders bezeichnet. Die immer noch aktuelle Benennung stammt vom Astronomen Konon, der um die Mitte des 3. Jhs. v. Chr. in Alexandrien arbeitete. Als Königin Berenike ihren Mann Ptolemaios III. (247–221 v. Chr.) in den Dritten Syrischen Krieg ziehen lassen musste, weihte sie eine Haarlocke in den Tempel der Aphrodite-Arsinoë Zephyritis: Die Locke verschwand aus dem Tempel und es entdeckte sie der alexandrinische Astronom Konon als Sternbild am Himmel neben dem Löwen. Konon schuf damit einen berühmten Katasterismós (Verstirnung, Apotheose).

Ein Sternbild mit einer Anspielung auf das Königshaus zu benennen, hatte natürlich nur dann einen Sinn, wenn dort auch ein Verständnis dafür erwartet werden konnte. Für die in Alexandrien regierenden Ptolemäerkönige darf man dies uneingeschränkt voraussetzen. Die Herrscher förderten Epos und Poesie ebenso wie die Wissenschaften der Geographie, Medizin, Botanik, Astronomie und Zoologie.

Das Interesse an exotischen Tieren ist im hellenistischen Alexandrien fast mit der Anlage zoologischer Gärten vergleichbar. König Ptolemaios II. (285–246) hatte eine Vorliebe für exotische Tiere, besonders für Schlangen. Das heute für das Niltal touristentypische Kamel führte derselbe Ptolemaios II. in Ägypten ein.

Die Himmelsgloben des Archimedes von Syrakus

Mit dem Hellenismus betritt der Himmelsglobus die Bühne. Die Definition eines Himmelsglobus mit den fünf Parallelkreisen, den Koluren, der Ekliptik und den zwölf Teilen des Zodiacus stammt vermutlich von Eudoxos aus Knidos (um 360 v. Chr.). Die wesentlichen Fortschritte waren schon bis zum Hellenismus geschaffen worden; sie wurden von den Römern übernommen.

Professionelle Himmelsgloben waren wohl bevorzugt aus Holz. Die Konstruktion eines hölzernen Himmelsglobus beschreibt Ptolemaeus, Syntaxis 8,3: *Für die Farbe der den Untergrund bildenden Kugel werden wir einen etwas dunkleren Ton wählen, wie er nicht der Luftfärbung des Tages, sondern mehr dem Dunkel der Nacht entspricht, bei welchem die Sterne sichtbar werden. ... Schließlich setzen wir der Reihe nach die gelbe oder die für einige (z. B. die roten) Sterne besonders charakteristische Farbe in dem Maße auf, wie es zu dem für jeden Stern eingeschätzten Größenbetrag im richtigen Verhältnis steht. Die Umrisszeichnungen der einzelnen Sternbilder werden wir so einfach als möglich ausführen, indem wir die unter dasselbe Bild fallenden Sterne nur durch Linien umreißen....* (Übersetzung nach

5,10 Die Locke Berenikes am Schwanz des Löwen. Bild auf dem Mainzer Himmelsglobus. Wie alle Bilder auf den Himmelsgloben seitenverkehrt. 150–220 n. Chr. Mainz, Römisch-Germanisches Zentralmuseum.

5,11 Germanicus im Leinenpanzer. Sardonyxcameo. Vor
19 n. Chr. H. 13,8 cm. Wien,
Kunsthistorisches Museum,
Antikensammlung.

Marcus Claudius Marcellus, der römische Sie-
ger über Syrakus 212 v. Chr., weihte seine Kriegs-
beute in die Tempel von Rom, Samothrake und
Lindos; für sich selbst behielt er nur einen Himmelsglobus. Einen anderen und noch prächtige-
ren Himmelsglobus hatte Archimedes, den bei
der Eroberung von Syrakus ein unwissender römischer Legionär erschlug, persönlich geschaffen; ihn weihte Marcellus in Rom in den Virtus-
tempel. Man hat vermutet, dass beide Archi-
medesgloben aus Metall gewesen seien, was
freilich nicht sicher ist. – Mit dem Namen des
Archimedes ist auch eine ebenfalls mit sphaira
bezeichnete Konstruktion eines Planetariums
verbunden, *der Versuch, die Planetenbahnen mit
Sonne und Mond in ihren natürlichen Bewegungen
und Unregelmäßigkeiten durch einen Mechanismus
darzustellen.* Von diesem im Altertum und in der
Neuzeit viel diskutierten Werk oder seinen Nach-
folgern hat sich nichts erhalten.

Marcellus war nur einer von vielen römischen
Staatsmännern und Feldherrn mit einem Hang
zur Astronomie und Astrologie. Der Feldherr
Germanicus, der unter Tiberius in den Jahren
14–16 in Germanien Krieg führte, um (vergeb-
lich) die Folgen der Niederlage Roms im Teutoburger Wald zu korrigieren, ist eine militärhisto-
rische Größe (Abb. 5,11); demselben Germanicus, der des Aratos astronomische *Phainomena*
ins Lateinische übersetzt hatte, widmete Ovidius
seine *Fasti* mit dem Hinweis auf den Lauf der
Gestirne gleich am Beginn (*Fasti* I,1–2).

Das astronomische Lehrgedicht des Aratos
von Soloi, die *Phainomena (Himmelserscheinungen),* fand prominente römische Übersetzer, obwohl des Aratos astronomische Kenntnisse sehr
kritisiert wurden: Cicero und Germanicus schufen lateinische Versionen und zeigten damit
auch ihr Interesse an Astronomie wie Astrologie.
Illustrierte mittelalterliche Germanicushand-
schriften sind eine wichtige Quelle zur Darstellung von Sternbildern.

Die diesen Römern zur Verfügung stehenden
Himmelsgloben waren ausnahmslos griechische
Arbeiten. Nach einer arabischen Quelle um 870
(El-Kindi) hatte auch Aratos einen Globus mit 48
Sternbildern und 1020 Fixsternen, der Zahl des
Claudius Ptolemaeus (Mitte 2. Jh. n. Chr.), konstruiert. Die literarischen Nachrichten über den
Globus des Hipparchos (Mitte 2. Jh. v. Chr.) sind
spärlich, doch hat sich Claudius Ptolemaeus bei
seinem immer wieder erwähnten Himmelsglobus eng an dem hipparchischen orientiert. Der
ptolemäische Sternkatalog war eine Art Begleit-
liste zu seinem Himmelsglobus.

Manitius-Neugebauer 1963, Bd. II, S. 72–74.) Des
Ptolemaeus Globus dürfte also in der graphi-
schen Gestaltung der Sternbilder ungefähr mit
modernen Globen zu vergleichen sein.

In der antiken Literatur wird der Himmelsglobus (sphaira stereá) öfters erwähnt. Eine
kleine Geschichte der Himmelsgloben bis zum
1. Jh. v. Chr. findet sich bei Cicero (De re publica
I 22f.), der die Himmelsgloben mit den Namen
Thales von Milet, Eudoxos von Knidos, Aratos
von Soloi und besonders Archimedes von Syrakus verbindet.

Der Globus von Boscoreale

Die Kugelgestalt der Erde war eine grundlegende Erkenntnis, die auch bei der Konstruktion eines Himmelsglobus im Hintergrund stand, denn der Himmelsglobus mit seinen Parallelkreisen und Meridianen entspricht derselben Einteilung auf dem Erdglobus.

Auf einem runden Pfeiler steht der Globus mit Meridianen und Parallelkreisen eines Fresco aus Boscoreale am Golf von Neapel (Abb. 5,12). Die Darstellung ist deshalb so wichtig, weil die Wandmalereien dieser römischen Villa vom südlichen Vesuvabhang aus den Jahren 50–40 v. Chr. stammen, und uns deshalb Hinweise auf die Verhältnisse in der späten Republik unter hellenistischem Einfluss geben. Dies Bild ist nicht mehr so isoliert, wenn man sich daran erinnert, dass bereits Cicero sich für die Geschichte der Himmelsgloben interessierte *(Über den Staat [De re publica]* I 22f.; geschrieben 54–52 v. Chr.) .

Das Globusgemälde im Peristyl der Boscorealevilla, das leider ein Fragment ist, und dessen Umgebung unbekannt bleiben wird, ist als direktes Zitat hellenistischer Astronomie und Geographie zu deuten. Angesichts der verlorenen hellenistischen Originalgloben ist diese Darstellung auch ohne genaue Binnenzeichnung sehr aufschlussreich.

Das Fresko scheint mir außerdem am ehesten einen wissenschaftlichen Globus zu zeigen, der die Meridiane und Parallelkreise in Metall eingelegt trug, und auf den die Details fein eingetragen waren, die man hier auf dem dekorativen Wandfresko nicht mitkopierte. Es sind keine weiteren Angaben außer den Linien erkennbar. Man muss sich also entscheiden, ob ein Erdglobus oder ein Himmelsglobus gemeint ist. Erdgloben waren seit den hellenistischen wissenschaftlichen Fortschritten möglich geworden; der Stoiker Krates von Mallos, ein Zeitgenosse des Hipparchos im 2. Jh. v. Chr. , soll in Pergamon einen Erdglobus aufgestellt haben.

Dennoch hat wegen der allgemeinen Vorliebe der Himmelsglobusdarstellung diese Deutung den Vorzug. Erdgloben werden so gut wie nie

greifbar, weil man zwar sämtliche Sternbilder beider Hemisphären abbilden konnte, von der Erdoberfläche aber nur ein kleiner Teil bekannt war. Antike Erdgloben waren deshalb nicht nur selten, sondern auch eher symbolische Darstellungen der Erdoberfläche. Das Wandbild in einer römischen Villa von Boscoreale ist deshalb die erste gute Darstellung eines hellenistischen Himmelsglobus; Originale aus dieser Zeit haben wir leider nicht.

5,12 Globus auf Pfeiler. Römische Wandmalerei aus Boscoreale am Vesuvabhang, Italien. Um 50–40 v. Chr. New York, Metropolitan Museum.

6 Der Sternenhimmel beider Hemisphären

Fixsternkataloge

Der Wissenschaftler braucht eine genaue Materialkenntnis. Die Griechen haben den Katalog (griech. katálogos, Aufzählung) als Basis jeglichen Erkenntnisfortschritts geschaffen, und wir halten es immer noch so. Für die Himmelskunde war es entscheidend, neue Phänomene von Bekanntem trennen zu können. Die Idee eines Fixsternkatalogs scheint uns so selbstverständlich, dass man sich daran erinnern muss:

Wie alles Große und Einfache musste man auch das erst einmal erdenken.

Der Fixsternkatalog des Claudius Ptolemaeus (Mitte 2. Jh. n. Chr.) umfasst 1022 Sterne; davon entfallen 916 auf die Sternbilder (die übrigen sind Einzelsterne). Die Sternkataloge, die auf der Tradition des Hipparchos von Nikaia, also dem Hellenismus, beruhten, umfassten zwischen 676 und 744 Sterne. Die kanonische Zahl der Konstellationen umfasst 48 Sternbilder, darunter die zwölf Zodiacusbilder und die Sternbilder der bei-

6,1 Himmelsglobus. Messing. Dm. 110 mm. Nördliche und südliche Sternbilder. Römisch. 150–220 n. Chr. Mainz, Römisch-Germanisches Zentralmuseum Inv. O.41339.

6,2 Himmelsglobus. Messing. Dm. 110 mm. Mainz, Römisch-Germanisches Zentralmuseum Inv. O.41339. Galvanoplastische Kopie mit dunkler Einfärbung der Linien.

den Hemisphären im Norden und Süden (heute hat die Internationale Astronomische Union 88 Sternbilder anerkannt).

Der Mainzer Himmelsglobus

Die beiden einzigen erhaltenen Himmelsgloben mit erwähnenswerten Darstellungen von Sternbildern sind der kleine metallene Globus in Mainz und der marmorne, größere Globus auf den Schultern der Atlasstatue aus Rom, heute in Neapel; die Figur trägt den Rufnamen Atlas Farnese, da sie aus der römischen Sammlung Farnese nach Neapel kam.

Der Mainzer Globus (Abb. 6,1; 6,2) ist nach stilistischen Vergleichen seiner Dekoration ein Werk aus dem Römerreich der Zeit etwa zwischen 150 und 220 n. Chr. Er soll aus Kleinasien stammen. Er ist aus Messing gearbeitet, einer Legierung aus Kupfer und Zink.

Wegen einer ikonographischen Besonderheit (liegender Widder im Zodiacus) ist er vermutlich im römischen Ägypten entstanden, oder sein Vorbild ist dort zu lokalisieren. – Der Mainzer Globus, dessen Künstler anonym bleibt, ist der einzige vollständige Sternenglobus des Altertums, der bisher überlebt hat, und er ist damit der älteste komplette Himmelsglobus der Geschichte überhaupt. Selbst am Atlas Farnese (vgl. Abb. 6,3–6,4) fehlen einige Sternbilder. Der Mainzer Globus zeigt hingegen 48 Sternbilder, die nicht völlig mit dem Katalog des Claudius Ptolemaeus übereinstimmen. Mit der bisher ersten und einzigen Wiedergabe der Milchstraße eröffnet der Mainzer Globus neue Wege zur Be-

6,3 Atlas Farnese. Marmorstatue. Aus Rom. Teilweise ergänzt. H. 1,85 m. Um Christi Geburt. Neapel, Nationalmuseum Inv. 6374.

Tabelle 2: Der Sternbildkatalog des Ptolemaeus im Vergleich zum Mainzer Globus und dem Globus des Atlas Farnese.

Sternbild	Sternbildkatalog nach Ptolemaeus, Synt. 7,5-8,1 (Numerierung nach Boll u. Gundel 1924-1937)	Sternsummen nach Ptolemaeus, Synt. 7,5-8,1 (zusätzlich die nicht zum Sternbild gerechneten Sterne)	Globus Mainz	Atlas Farnese
Aries (Widder)	Zodiacus Nr. 1	13 (+5)	Nr. 1	ja
Taurus (Stier)	Zodiacus Nr. 2	33 (+11)	Nr. 2	ja
Gemini (Zwillinge)	Zodiacus Nr. 3	18 (+7)	Nr. 3	ja
Cancer (Krebs)	Zodiacus Nr. 4	9 (+4)	Nr. 4	ja
Leo (Löwe)	Zodiacus Nr. 5	28 (+8)	Nr. 5	ja
Virgo (Jungfrau)	Zodiacus Nr. 6	26 (+6)	Nr. 6	ja
Libra (Waage)	Zodiacus Nr. 7	8 (+9)	Nr. 7	ja
Scorpio (Skorpion)	Zodiacus Nr. 8	21 (+3)	Nr. 8	ja
Sagittarius (Schütze)	Zodiacus Nr. 9	31	Nr. 9	ja
Capricornus (Steinbock)	Zodiacus Nr. 10	28	Nr. 10	ja
Aquarius (Wassermann)	Zodiacus Nr. 11	42 (+3)	Nr. 11	ja
Pisces (Fische)	Zodiacus Nr. 12	34 (+4)	Nr. 12	ja
Andromeda	Nordhemisphäre Nr. 20	23	Nr. 13	ja
Aquila (Adler)	Nordhemisphäre Nr. 16	9 (+6)	Nr. 14	ja
Auriga (Fuhrmann)	Nordhemisphäre Nr. 12	14	Nr. 15	ja
Bootes (Bärenführer)	Nordhemisphäre Nr. 5	22 (+1)	Nr. 16	ja
Cassiopeia (Kassiopeia)	Nordhemisphäre Nr. 10	13	Nr. 17	ja
Cepheus (Kepheus)	Nordhemisphäre Nr. 4	11 (+2)	Nr. 18	ja
Corona borealis (Nördliche Krone)	Nordhemisphäre Nr. 6	8	Nr. 19	ja
Cygnus (Schwan)	Nordhemisphäre Nr. 9	17 (+2)	Nr. 20	ja
Delphinus (Delphin)	Nordhemisphäre Nr. 17	10	Nr. 21	ja
Draco (Drache)	Nordhemisphäre Nr. 3	31	Nr. 22	ja
Hercules (knieender Mann, Engonasin)	Nordhemisphäre Nr. 7	28 (+1)	Nr. 23	ja
Lyra (Leier)	Nordhemisphäre Nr. 8	10	Nr. 24	ja
Ophiuchus (Schlangenhalter)	Nordhemisphäre Nr. 13	24 (+5)	Nr. 25	ja
Pegasus	Nordhemisphäre Nr. 19	20	Nr. 26	ja
Perseus	Nordhemisphäre Nr. 11	26 (+3)	Nr. 27	ja
Serpens (Schlange)	Nordhemisphäre Nr. 14	18	Nr. 28	ja
Ursa maior (Großer Bär)	Nordhemisphäre Nr. 1	27 (+8)	Nr. 29	—
Ursa minor (Kleiner Bär)	Nordhemisphäre Nr. 2	8	Nr. 30	—
Sagitta (Pfeil)	Nordhemisphäre Nr. 15	5	Nr. 31	—
Equuleus (Füllen)	Nordhemisphäre Nr. 18	4	—	—
Triangulum (Dreieck)	Nordhemisphäre Nr. 21	4	—	—
„Thron Caesars"	—	—	—	ja
Ara (Altar)	Südhemisphäre Nr. 13	7	Nr. 32	ja
Argo(Schiff), mit Carina (Schiffskiel), Velum (Segel) und Puppis (Heck)	Südhemisphäre Nr. 7	45	Nr. 33	ja
Canis maior (Großer Hund)	Südhemisphäre Nr. 5	18 (+11)	Nr. 34	ja
Canis minor (Kleiner Hund)	Südhemisphäre Nr. 6	2	Nr. 35	ja

Fortsetzung Tabelle 2

Sternbild	Sternbildkatalog nach Ptolemaeus, Synt. 7,5-8,1 (Numerierung nach Boll u. Gundel 1924-1937)	Sternsummen nach Ptolemaeus, Synt. 7,5-8,1 (zusätzlich die nicht zum Sternbild gerechneten Sterne)	Globus Mainz	Atlas Farnese
Centaurus (Zentaur)	Südhemisphäre Nr. 11	37	Nr. 36	ja
Cetus (Walfisch)	Südhemisphäre Nr. 1	22	Nr. 37	ja
Corona australis (Südliche Krone)	Südhemisphäre Nr. 14	13	Nr. 38	ja
Corvus (Rabe)	Südhemisphäre Nr. 10	7	Nr. 39	ja
Crater (Becher)	Südhemisphäre Nr. 9	7	Nr. 40	ja
Eridanus (Fluß Eridanos)	Südhemisphäre Nr. 3	34	Nr. 41	—
Hydra (Wasserschlange)	Südhemisphäre Nr. 8	25 (+2)	Nr. 42	ja
Lepus (Hase)	Südhemisphäre Nr. 4	12	Nr. 43	—
Lupus (Wolf, Tier)	Südhemisphäre Nr. 12	19	Nr. 44	ja
Orion	Südhemisphäre Nr. 2	38	Nr. 45	ja
Piscis austrinus (südlicher Fisch)	Südhemisphäre Nr. 15	11 (+6)	Nr. 46	—
Sternkreis zwischen Lepus und Eridanus	—	—	Nr. 47	—
Sternkreis am Schwanz von Cetus	—	—	Nr. 48	—

urteilung der antiken Himmelsgloben: Er ist zwar kein wissenschaftliches Werk, sondern diente wohl als Bekrönung des Gnomon einer Sonnenuhr; umso bemerkenswerter ist die relative Genauigkeit der Positionen der Sternbilder, des Verlaufs der Milchstraße und der Angaben der Parallelkreise wie der Koluren. Die antiken astronomischen Gerätschaften des Hellenismus und des Römerreichs, also der Zeit zwischen 300 v. Chr. und 400 n. Chr., erscheinen nun in neuem Lichte. Die antiken schriftlichen Nachrichten über präzise Himmelsgloben werden durch den Mainzer Globus bestätigt. Für die Geschichte der Astralikonographie eröffnet der Mainzer Globus neue Wege und Verbindungen.

Der Atlas Farnese

Im Rahmen der antiken Sternengloben hatte vor dem Auftauchen des Mainzer Globus der Globus des Atlas Farnese eine Monopolstellung. Seine Darstellung entspricht, abgesehen von den formalen Unterschieden, im wesentlichen jener des Mainzer Globus. Leider sind am Globus Farnese einige Sternbilder ausgebrochen (Abb. 6,3–4; 6,7).

Die dargestellten Sternbilder finden sich im Vergleich zum Sternverzeichnis des Ptolemaeus in Tabelle 2. In der Nordhemisphäre fehlen dem Globus Farnese Ursa Maior und Ursa Minor. Die drei kleineren Sternbilder Sagitta, Equuleus und Triangulum fehlen am Globus Farnese; Equuleus und Triangulum fehlen freilich auch auf dem Mainzer Globus, was für eine gemeinsame Überlieferungslinie spricht. Zu vermuten, dass einzelne Sternzeichen auf dem Globus Farnese aufgemalt waren, geht wohl nicht an; man kann dies am Globus Farnese nur für die Milchstraße als eine Möglichkeit annehmen. Das Triangulum fehlt auch auf einigen mittelalterlichen Planisphären, ist aber auf Dürers Nordhemisphäre von 1515 wieder verzeichnet (Abb. 10,7). Auf den römischen Sternkarten muss das Triangulum verzeichnet gewesen sein, denn es erscheint auf der Bronzescheibe der Salzburger Kalenderuhr, die nach Art einer Planisphäre aufgebaut ist (vgl. Abb. 8,4–8,5).

In der Südhemisphäre fehlen dem Globus Farnese (vgl. Abb. 6,7) einige Sternbilder wie Eridanus, Lepus und Piscis austrinus, die alle drei der Montage auf den Atlasschultern zum Opfer fielen. Da im Süden noch mehr als im Norden fehlt, kann man auch nicht mehr sagen, ob auch auf dem Globus Farnese die beiden Sternkreise unter dem Schwanz des Cetus sowie zwischen Lepus und Eridanus verzeichnet waren, die am Mainzer Globus so auffällig sind (Abb. 6,6 Nr. 47/ 48). Vermutlich ist dies nicht der Fall gewesen, weil das Vorbild des Mainzer Globus sehr wahrscheinlich aus Ägypten stammt (liegender Wid-

6,4   Globus des Atlas Farnese.
Marmor. Dm. 65 cm. Um Christi
Geburt. Neapel, Nationalmuseum Inv. 6374. Kopie im Museo
della Civiltà Romana, Rom.

der im Aries, zwei Sternbilder im äußersten Süden), während das Vorbild des Globus Farnese wegen des „Thrones Caesars" in den Beginn der Kaiserzeit unter Augustus datiert werden muss, sich aber geographisch nicht sicher festlegen lässt (Rom ist freilich die beste Hypothese).

Der seitenverkehrte Sternenhimmel

Anordnung und Zeichnung der einzelnen Sternbilder sind im Vergleich zu modernen Sternkarten seitenverkehrt. Dies liegt an der Struktur antiker Himmelsgloben. Der Globus zeigt den Sternenhimmel mit dem Auge eines Betrachters, den man sich im Zentrum des Globusinnern vorstellte. Man dachte sich die korrekte Ansicht des Himmelsgewölbes vom Zentrum des Globus aus, so als sei der imaginäre Betrachter ein winziges Wesen in der Kugelmitte und würde von dort aus auf die – transparent gedachte – Globushaut, das Himmelsgewölbe, blicken. Deshalb blickt z. B. der Löwe (Leo) auf den antiken Globen nach links (vgl. Abb. 5,10), während ihn die modernen Sternkarten korrekt nach rechts gewandt zeigen (Abb. 6,5). Die antiken Himmelsgloben, und so auch den Mainzer Globus und jenen des Atlas Farnese betrachten wir wie von außerhalb des Himmelsgewölbes, auf die imaginäre Außenhaut des Sternenhimmels blickend. Allerdings sind die modernen Sternengloben ihrerseits unlogisch, wenn sie die richtig orientierten Sternkarten von außen auf die kugelige Globusform auftragen.

Folgerichtig sind am Mainzer Globus eine ganze Reihe von Sternbildern ganz oder teilweise

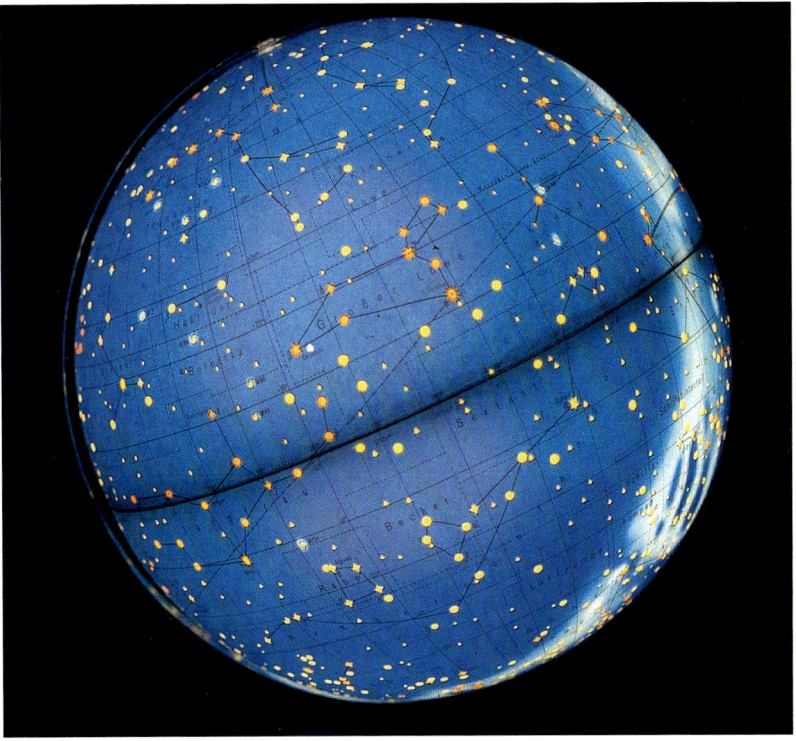

von hinten abgebildet. Dies sind Gemini, Aquarius, Centaurus, Sagittarius, Perseus, Ophiuchus, Engonasin und Orion. Am Globus Farnese sind dies Gemini, Virgo, Aquarius und Sagittarius.

6,5 Moderner Himmelsglobus. In Bildmitte ungefähr der nach rechts, also nach Westen, blickende Löwe.

Der Thron Caesars

Der „Thron Caesars" auf dem Globus des Atlas Farnese ist jenes stilisierte Gebilde nördlich des Krebses, welches wie ein Kästchen mit Untertei-

6,6 Himmelsglobus. Messing. Dm. 110 mm. Mainz, Römisch-Germanisches Zentralmuseum Inv. O.41339. Die 48 Sternbilder.

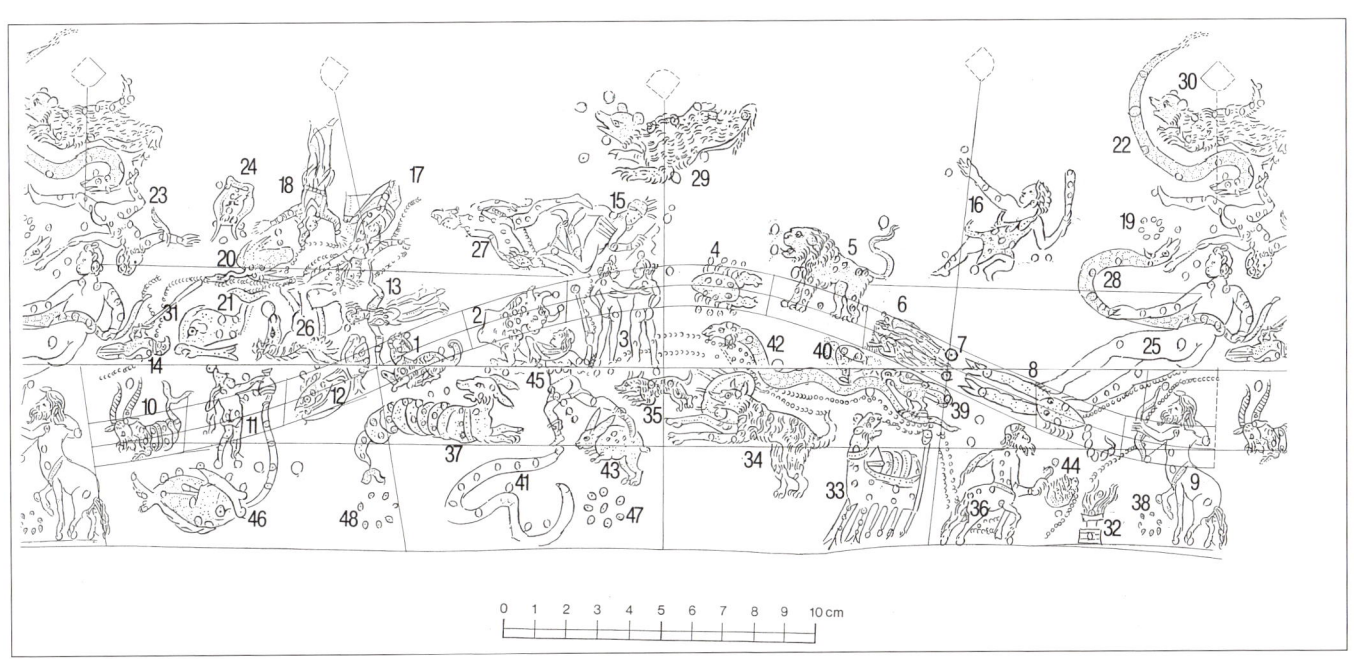

lungen aussieht (Abb. 6,8). Richtungweisend hierfür war die von Franz Boll entsprechend formulierte Hypothese. Bolls Anhaltspunkt war die Bemerkung des Plinius, nat. hist. 2, 178:

… von Italien aus sieht man weder den Canopus noch die sog. Locke der Berenike und das unter Augustus Thron Caesars genannte Sternbild, alles bemerkenswerte Konstellationen.

Canopus ist α Car (Carina, Argo) und liegt tatsächlich weit im Süden; dass aber die Coma Berenices von Italien aus nicht zu sehen sei, ist falsch. Der Thron Caesars verschwand bald wieder, weil er nur ein kurzfristig formuliertes politisches Zeichen war; Augustus (Octavianus) war Caesars Adoptivsohn. Das Schicksal solcher Kreationen ist freilich nicht vorhersehbar: Die Locke Berenikes, diese Schöpfung eines höfischen Astronomen, hat hingegen bis heute überlebt.

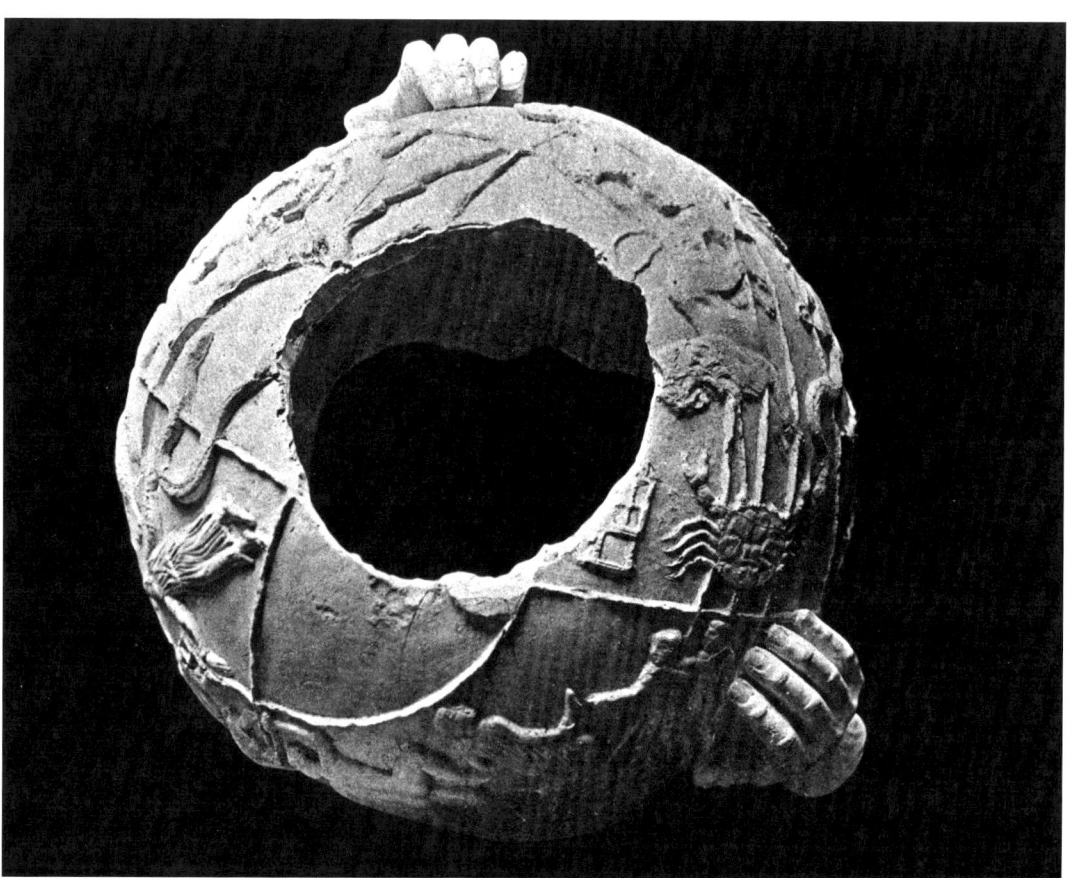

6,8 Thron Caesars. Unter Augustus eingeführtes Sternbild auf der Nordhemisphäre. Zu sehen neben dem Krebs.

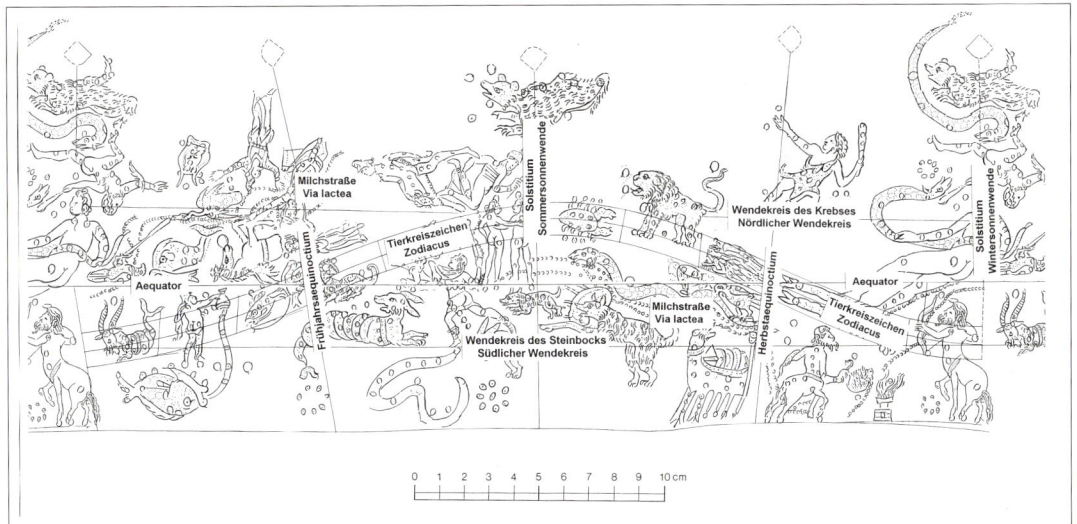

0 1 2 3 4 5 6 7 8 9 10 cm

6,9 Himmelsglobus. Messing. Dm. 110 mm. Mainz, Römisch-Germanisches Zentralmuseum Inv. O.41339. Astronomische Linien.

Astronomische Linien

Den astronomischen Einzelheiten wird man vom Blickpunkt eines archäologischen Denkmals immer nur unvollkommen gerecht werden können. Doch wird es hilfreich sein, sich daran zu erinnern, dass der Mainzer Globus schon in der Antike eine Arbeit für einen nichtwissenschaftlichen Zweck war, nämlich für eine private große Sonnenuhr (s. u.). Das Koordinatensystem des Mainzer Globus (Abb. 6,9) zeigt den Himmeläquator, die Ekliptik mit den drei Parallelkreisen, die Äquinoktienkoluren (Tagundnachtgleichen im Frühling und im Herbst) sowie die Soltitienkoluren der Sommersonnenwende und der Wintersonnenwende. Der Frühlingsanfang ist richtig zwischen Pisces und Aries gelegt, passend zur Präzession des Frühlingspunktes.

In der Nordhemisphäre ist der nördliche Parallelkreis (Wendekreis des Krebses) genau auf der Höhe von 23,5° eingezeichnet. Ebenso ist auf der Südhalbkugel der südliche Parallelkreis (Wendekreis des Steinbocks) noch zu erkennen, z. B. im Bereich zwischen den Vorderbeinen von Cetus und dem linken Fuß Orions, wenn auch sehr viel undeutlicher als auf der Nordhalbkugel. Von den übrigen Parallelkreisen fehlen die beiden Polarkreise.

Frühlings- und Herbstpunkte der Himmelsgloben Farnese und Mainz

Ein auch für die Datierung des Atlas Farnese (vgl. Abb. 6,4) wichtiger Punkt ist die Position der Äquinoktialkoluren. Die Koluren des Frühlingspunktes und des Herbstpunktes gehen nicht, wie zu erwarten, genau durch den Schnittpunkt von

6,10 Globus Farnese. Oben: Lage des Frühlingspunktes. AB Äquinoktialkolur des Frühlings, Z Ekliptik, DE Äquator. Unten: Lage des Herbstpunktes. AC Äquinoktialkolur des Herbstes, EF Äquator. Zeichnung F. Bianchini, bei A. F. Gori 1750.

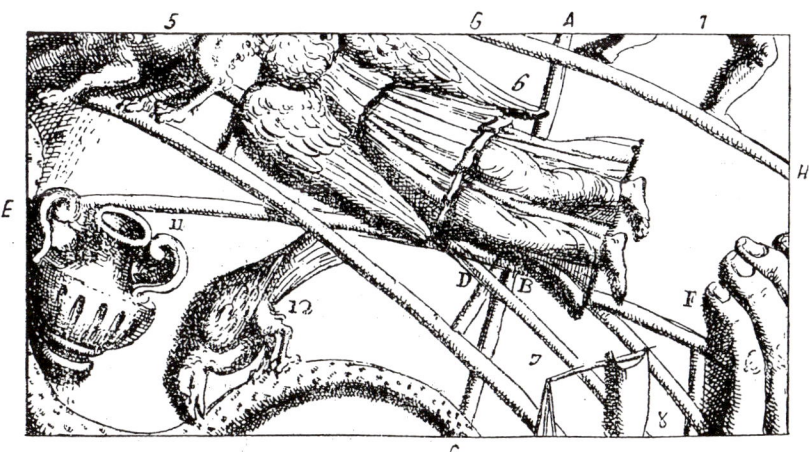

6,11 Mainzer Globus. Links: Lage des Frühlingspunktes. Äquinoktialkolur des Frühlings. Rechts: Lage des Herbstpunktes. Äquinoktialkolur des Herbstes.

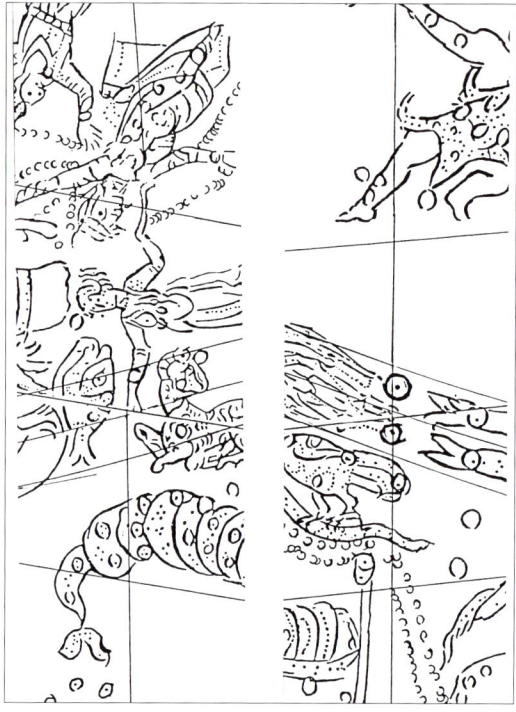

der nördliche Parallelkreis genau auf 23,5° platziert, entsprechend liegt der Wendekreis des Steinbocks genau auf – 23,5° (vgl. Abb. 6,9). Andererseits ist die Ekliptik im Vergleich zum nördlichen Parallelkreis ein wenig zu weit südlich gehalten, der Schnittpunkt des Sommersolstitienkolurs mit der Ekliptik liegt nicht direkt im, sondern etwas südlich vom Schnittpunkt dieses Kolurs mit dem Wendekreis des Krebses.

Der Frühlingsäquinoktialkolur des Mainzer Globus ist ferner in seinen beiden Teilen nicht ganz exakt passend eingezeichnet (vgl. Abb. 6,11), was natürlich daran liegt, dass der Künstler die beiden Globushälften getrennt dekorierte und dann erst zusammenlötete.

Was uns angesichts solcher Fragen fehlt, ist ein Globus der doppelten oder dreifachen Größe des Mainzer Globus, ohne die Grobschlächtigkeiten des Globus Farnese, ohne aber auch die wegen der kleinen Dimensionen verständlichen Defizite am Mainzer Globus. Die Chance, dass man einen derartigen Globus noch wird finden können, sind freilich extrem gering.

Äquator und Ekliptik; der Schnittpunkt ist vielmehr etwas nach Osten – wenn man es von außen sieht – oder von innen gesehen nach Westen verschoben. Auf dieses Phänomen hat bereits der Veroneser Astronom Francesco Bianchini (1662–1729) hingewiesen (Abb. 6,10).

Man könnte diese Ungenauigkeiten am Globus Farnese als gattungsbedingt angesichts der doch recht großflächigen Marmorarbeit verstehen. Am Mainzer Globus lässt sich freilich ein vergleichbares Detail feststellen: Auch hier ist der Schnittpunkt des Frühlingspunktes nicht exakt im Schnittpunkt Äquator-Ekliptik zu sehen, sondern genau wie am Globus Farnese um ein weniges nach Osten verschoben (Abb. 6,11).

An der kleinen Ungenauigkeit an den Äquinoktienschnittpunkten ist aber folgendes zu beachten: Am Atlas Farnese ist der Frühlingskolur zu den Fischen hin verschoben, der Herbstkolur aber etwas zur Waage hin. Das ist nicht konsequent, denn der Herbstkolur müsste nach dem Gesetz der Präzession zur Jungfrau hin verschoben sein, wenn denn der Vorgang absichtlich geschah.

Am Mainzer Globus sind hingegen beide Koluren leicht nach links, also zu den Fischen und zur Jungfrau hin verschoben. Man kann dies als bewusste Andeutung der Präzession verstehen. Für die Zeit nach Christi Geburt wäre das ein korrektes Detail, und es wäre natürlich als Hinweis auf die Präzessionsproblematik recht interessant.

Die Genauigkeit der kleinen Globuskugel in Mainz ist in einigen Punkten beachtlich: So ist

Die Milchstraße

Während die Milchstraße in der antiken Literatur oft erwähnt wird – bei Ptolemaeus, Synt. 8,2 ist sie in einem eigenen Kapitel beschrieben –, spielte sie angesichts ihres zerfließenden optischen Bildes in den archäologischen Denkmälern bislang keine Rolle. Dennoch ist die Milchstraße prinzipiell wie an unseren modernen Globen auch an den antiken Globen zu erwarten, wird ihr Eintrag doch bei der Beschreibung der Konstruktion eines Himmelsglobus durch Claudius Ptolemaeus, Synt. 8,3 als selbstverständlich vorausgesetzt – freilich handelt es sich dabei um einen professionellen astronomischen Globus, der auch nur Sternbildlinien, aber keine Figuren enthalten sollte.

Auf dem Globus Farnese (vgl. Abb. 6,7) fehlt die Milchstraße; sie könnte höchstens in Malerei aufgetragen gewesen sein, wozu sich ihre vage Form anbietet. Die Milchstraße ist andererseits ein bemerkenswertes geistesgeschichtliches Detail, weil sie mit der Vorstellung von der Seelenwanderung und dem Jenseits zusammenhängt. Im Madrider Germanicuscodex (Codex Matritensis A 16 fol. 68v) findet sich die Darstellung der Milchstraße als Gruppe zweier schwebender Frauen, die eine aufrecht sitzend, die andere mit einem Reif halb liegend. Das Motiv wird im spätmittelalterlichen Codex Vindobonensis 2352 fol. 22 wiederholt. Vermutlich

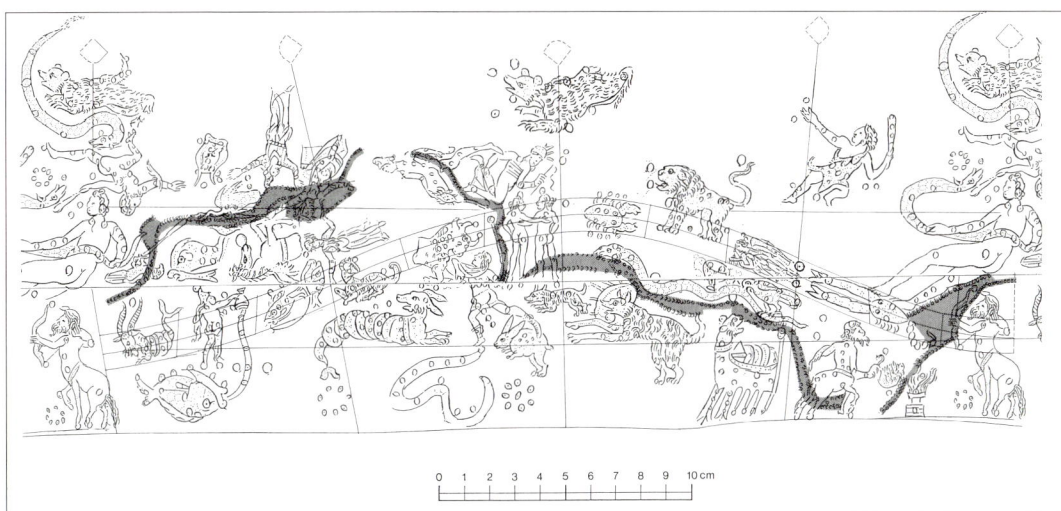

6,12   Himmelsglobus. Messing.
Dm. 110 mm. Mainz, Römisch-
Germanisches Zentralmuseum
Inv. O.41339. Die Milchstraße.

ist hier die Milchstraße als Sitz der Götter und der verklärten Seelen gemeint. Im Rahmen der auf die Milchstraße bezogenen Jenseitsideologie waren die Schnittpunkte der Milchstraße mit dem Zodiacus bedeutsam, weil sie als Durchgangstore ins Jenseits galten.

Was den Mainzer Globus so singulär macht, ist seine Darstellung der kompletten Milchstraße *(via lactea)*. Sie ist tatsächlich in der Form einer skizzierten Straße wiedergegeben (Abb. 6,12), teilweise als schmales Band aus einigen Millimetern wechselnder Distanz zwischen zwei Reihen kleiner Kreismotive: Die eingepunzten Zeichen sind meist schräg eingeschlagene Halbkreise oder Teilkreise. Für die Wissenschaftsgeschichte ist bemerkenswert, dass hier die älteste komplette Darstellung unserer Milchstraße vorliegt. Auf den Himmelsgloben des islamischen Kulturkreises, die mit einem Globus aus dem spanischen Valencia des Jahres 1085 beginnen, und von denen bisher über 130 Exemplare bekannt sind (vgl. Abb. 7,9), ist die Milchstraße nirgendwo dargestellt, was die Rarität des Mainzer Globus noch erhöht.

Die Sternbilder des Zodiacus

Die beiden Globen in Mainz und am Neapler Atlas Farnese bieten einen Überblick über den Sternenhimmel der Antike. Die folgenden Betrachtungen gehen immer vom Mainzer Globus aus und vergleichen ihn mit dem Globus des Atlas Farnese (vgl. Abb. 6,6–6,7). Manchmal werden auch die in den Kapiteln 8 und 10 vorgeführten mittelalterlichen Codices mit ihren Planisphären zitiert. Ihre Bedeutung für die Analyse der antiken Bildtradition ist sehr hoch einzuschätzen.

Alle zwölf Zeichen des Tierkreises sind vorhanden, ihre Größe ist freilich ungleichmäßig. Während Libra winzig klein ist, erstreckt sich Sagittarius über die ganze Südhalbkugel. Neben den zwölf Zodiacalzeichen stehen 19 Zeichen der Nordhemisphäre und 17 Zeichen der Südhemisphäre. Damit liegt der Globus im Einklang mit der Normalzahl von 48 Sternbildern, einschließlich der zwölf Zodiacuszeichen, wie dies seit dem Sternverzeichnis des Claudius Ptolemaeus üblich war. Von den kanonischen Sternbildern (vgl. Tabelle 2 auf S. 62f.) in der Nordhemisphäre fehlen am Mainzer Globus Equuleus (Füllen) und Triangulum (Dreieck).

Die einzelnen Sternbilder sind durch kleine Kreise ergänzt und erweitert, die Sterne darstellen sollen. In der Regel finden sich diese innerhalb der figürlichen Zeichen. So stehen vor der Schnauze des Löwen zwei Kreise, welche vermutlich zum Löwen zu rechnen sein werden, also mit ξ Leo, o Leo oder ψ Leo identisch sein könnten.

Der Zodiacus weist mit der winzigen Waage/Libra und dem liegenden Widder/Aries einige Besonderheiten auf. In der Südhemisphäre zeigt der Mainzer Globus neben den kanonischen 15 Sternzeichen noch zwei weitere Sternkreise im äußersten Süden (Nr. 47/48; die im folgenden genannten Sternbildnummern beziehen sich immer auf Abb. 6,6). Auf dem Mainzer Globus fehlen also zwei Sternbilder der Nordhemisphäre (Equuleus, Triangulum), dafür sind zwei noch anonyme Sternbilder im Süden hinzugekommen. Diese Orientierung nach Süden ist bemerkenswert und dürfte mit der vermutlichen Entstehung des Vorbildes des Mainzer Globus in der römischen Provinz Ägypten zusammenhängen.

Der Widder (Aries; Nr. 1), der Führer des Tierkreises, wird meist aufrecht gehend oder springend dargestellt, z. B. auf dem Globus Farnese. Wenn er einen Reif trägt oder durch einen Reif zu springen scheint, wie im Codex Vossianus lat. 79 Fol. 34v, so ist damit der Äquinoktienkolur gemeint. Den ruhenden Widder, so wie wir ihn auf unserem Globus, aber auch noch auf Dürers Sternkarte von 1515 sehen (vgl. Abb. 10,7) finden wir auf Belegen, die alle ins hellenistische und römische Ägypten weisen (Abb. 6,13; 6,16). Von den Zodiacuszeichen waren der Widder, der Stier, der Löwe und der Capricornus auch als Legionszeichen (Totemzeichen) des römischen Militärs zu finden. Der Widder freilich ist nur bei einer einzigen Legion vertreten, der in Bonn am Rhein stationierten 1. Legion (legio I Minervia). – Der Stier (Taurus; Nr. 2) ist entsprechend der vorherrschenden Ikonographie als in die Knie gesunkene Halbfigur gebildet. Zwischen den Hörnern ist das rote Stierauge, α Tau Aldebaran, zu sehen. Im Stier sind die Plejaden nicht gekennzeichnet, während in den Sternen der Stiermähne vielleicht die Hyaden, das „Stiergesicht", zu erkennen sind. – Die Gruppe der Gemini (Zwillinge; Nr. 3) als zwei nackte Jünglinge, die sich umarmen, entspricht jenen antiken Auffassungen der Gemini, welche sie als die Dioskuren Castor und Pollux sahen. – Der Krebs (Cancer; Nr. 4) ist wie auf dem Globus Farnese oder im Codex Vossianus lat. 79 als Taschenkrebs gebildet. Er ist ein ikonographisch recht uninteressantes Sternbild, wie es überhaupt zu den schwachen Konstellationen gehört.

Der Löwe (Leo; Nr. 5) ist eines der strahlenden Bilder des Zodiacus. Sein Schwanz ist steil nach oben gezogen und durch einen Einzelstern gesondert gekennzeichnet (Abb. 5,10). Gemeint ist damit die Locke der Berenike (Coma Berenices), gelegen zwischen Leo und Bootes. – Virgo (Jungfrau; Nr. 6) hält die Ähre in der Hand. Hier stimmt der Mainzer Globus mit dem Globus Farnese überein. Die Gestalt der Virgo ist relativ vielfältig, die Attribute wechseln häufig. Besonders auffällig ist die kauernde nackte Virgo auf dem Stuttgarter Globus (vgl. Abb. 7,7). – Libra (Waage; Nr. 7) gibt es in drei Typen: Als Scheren des Skorpion (bis zum 3. Jh. v. Chr.), als Balkenwaage seit dem 1. Jh. v. Chr. (so auch auf dem Mainzer Globus) und als Figur mit Waage. Auf dem Mainzer Globus ist die Waage von allen Zeichen des Zodiacus das unauffälligste; die Künstlichkeit dieses spät geschaffenen und von der Helligkeit her schwachen Sternbildes spiegelt sich in der armen Ikonographie.

Scorpio (Skorpion; Nr. 8) ist wie der Krebs immer von oben gesehen. Seine Scheren sind auf dem Mainzer Globus noch sehr lang, sie füllten

ehemals den Raum aus, den später die Waage belegte. Die Waage ist auf dem Mainzer Globus noch sehr klein dargestellt; dies ist hier ein noch nachwirkendes hellenistisches Element der Zodiacusikonographie. – Sagittarius (Schütze; Nr. 9) ist meist als Kentaur mit dem Oberkörper von hinten gesehen. Wie im Codex Vossianus lat. 79 hat er den Reflexbogen der Krieger und Jäger, doch ist er ruhiger dargestellt, ähnlich ruhig wie vermutlich auch auf dem Atlas Farnese. – Der Capricornus (Steinbock; Nr. 10), der Steinbock mit dem Fischschwanz, ist als Nativitätsgestirn des Augustus berühmt geworden (vgl. Abb. 1,16). Von den Zodiacuszeichen war neben dem Widder, dem Stier und dem Löwe besonders der Capricornus auch als besonders häufiges Legionszeichen (Totemzeichen) des römischen Militärs zu finden. Seine Beliebtheit bei der Armee hing natürlich mit Augustus zusammen. – Der Wassermann (Aquarius; Nr. 11) wird von vorne, im Profil und von hinten gesehen. Er trägt gelegentlich eine phrygische Mütze, so auch auf dem Mainzer Globus, und ist damit an Ganymedes angeglichen. Sein Wasserguss strömt nach Süden, zum Piscis austrinus hin. – Die Fische (Pisces; Nr. 12) sind immer durch ein Band verbunden, das ihre Mäuler oder ihre Schwänze zusammenhält.

Die Sternbilder der Nordhemisphäre

Die Gestalt der stehend an den Felsen geketteten Andromeda (Nr. 13), die von Perseus befreit wird, und der in der Südhemisphäre Cetus (Walfisch) zugeordnet ist, entspricht der gängigen Ikonographie, die für die ersten zwei Jahrhunderte der Kaiserzeit durch die Andromeda der Salzburger Planisphäre (vgl. Abb. 8,4–8,5) und durch den Globus Farnese bestätigt wird. In allen drei Fällen ist Andromeda bekleidet, während sie im Codex Vossianus lat. 79 halbnackt erscheint. Dem entsprechen die Darstellungen auf den mittelalterlichen Planisphären, wenn auch die Position Andromedas zur Ekliptik öfter wechselt. Von hinten gesehen, wie es der antiken Globusphilosophie entspräche, und wie es Dürer in seinem Hemisphärenbild (vgl. Abb. 10,7) vorführt, ist Andromeda dabei nie.

Aquila (Adler; Nr. 14) nördlich des Capricornus ist mit geschlossenen Flügeln dargestellt, während er sonst meist die Flügel ausgebreitet hat, z. B. auf dem Globus des Atlas Farnese oder im Codex Vossianus lat. 79, wo er mit ausgebreiteten Flügeln den Pfeil in den Fängen hält. Gut vergleichbar ist hingegen der Adler in der Planisphäre des Codex Vaticanus graec. 1087 (vgl. Abb. 10,6).

Auriga (Fuhrmann; Nr. 15) trägt das lange Gewand des Rennfahrers, kenntlich an der Quergürtung über der Brust. Die in Angleichung an den Sonnengott Sol geschaffene Strahlenkrone, im Codex Vossianus lat. 79 und im Codex Vaticanus graec. 1087 (Abb. 10,6) klar abgebildet, ist am Mainzer Globus zu einem Gebilde geworden, welches wie drei Federn auf dem Sturzhelm des Rennfahrers aussieht. Die Böcklein (Haedus I/II) fehlen in Mainz wie auch auf dem Globus Farnese; sie hält Auriga im Codex Vaticanus graec. 1087 auf linkem Unterarm und linker Hand, während sie auf der Salzburger Scheibe über den Armen und hinter der Schulter Aurigas erscheinen (vgl. Abb. 8,4–8,5). – Bootes (Bärenführer; Nr. 16) trägt ein kurzes Hemd (Exomis) und Keule. Die Exomis ist in der Art eines Tierfells gekennzeichnet, mit dem auffälligen Stern neben dem linken Fuß ist der rote α Boo Arcturus gemeint. Die Keule des Mainzer Globus steht zum üblichen Hirtenstab (Pedum), z. B. auf dem Globus Farnese, auffällig im Gegensatz.

Cassiopeia (Kassiopeia; Nr. 17) ist mit ausgebreiteten Armen auf dem Thron sitzend dargestellt, ähnlich wie im Codex Vossianus lat. 79. Der Kopfputz in Form einer Krone (im Codex Vaticanus graec. 1087 sogar an die deutsche Kaiserkrone angelehnt) fehlt am Globus Farnese ebenso wie am Mainzer Globus. – Cepheus (Kepheus; Nr. 18) ist nach gängiger Ikonographie als Mann mit ausgebreiteten Armen dargestellt. Das Gewand und der hohe Kopfputz verraten die Auffassung des Kepheus als eines orientalischen Herrschers. Ebenso wie auf dem Globus Farnese fehlen weitere Attribute wie Schwert oder Szepter. Unbekannt war im Altertum der knieende Kepheus, den man seit dem omajjadischen Deckengemälde von Qusayr 'Amra kennt (vgl. Abb. 10,1). – Die nördliche (wie die südliche Krone [Kranz] Corona borealis; Nr. 19) sind nicht als Kranz wie auf dem Globus Farnese (vgl. Abb. 6,7), sondern als Sternkreis gegeben. Als einfacher Ring erscheint die Corona borealis auf der Planisphäre des Codex Vaticanus graec. 1087 (vgl. Abb. 10,6).

Das als aufliegender Schwan aufgefasste Sternbild des Cygnus (Schwan; Nr. 20) ist auf dem Mainzer Globus in wenig attraktiver Weise wiedergegeben. Noch am Schwan der Planisphäre des Cod. Vaticanus graecus 1087 (Abb. 10,6) kann man sich eher an eine Mastgans als an einen Schwan erinnern fühlen. Dies ist ein Stilelement der frühen römischen Kaiserzeit. – Der Delphin (Nr. 21) ist nicht als schlanker, langer

6,13 Zodiacus mit liegendem Widder. Bemalter Holzsarkophag des Petemenophis (gest. 2. Juni 116 n. Chr.). Aus Luxor/ Ägypten. Paris, Louvre.

Fisch, sondern wie im Codex Vossianus lat. 79 als eher etwas dicker Delphin mit erhobener Schwanzflosse dargestellt. – Der normalerweise als bärtige Riesenschlange mit Kamm gesehene Draco (Drache; Nr. 22) ist zusammen mit den Bären in einer großen Windung abgebildet, welche den Kleinen Bären umgibt. Der Kamm fehlt, der Bart der Schlange ist hingegen angedeutet. Die Bären stehen korrekt Rücken gegen Rücken, die Schwanzspitze des Drachen weist in Richtung des Kopfes des Großen Bären. Mit dem chinesischen Drachen hat der Draco der Griechen und Römer keine Berührung.

Das Füllen (Equuleus), zwischen Delphin und Aquarius sowie westlich des Pegasus gelegen, fehlt auf dem Mainzer Globus wie am Globus

Farnese. Der Mainzer Globus bestätigt die Feststellung, dass von diesem Sternbild aus der Liste des Ptolemaeus keine antiken Darstellungen erhalten sind. – Hercules (Engonasin, knieender Mann; Nr. 23) ist temperamentvoll im „Knielaufschema" mit angedeutetem Löwenfell und mit Keule wiedergegeben. Der Figur auf dem Globus Farnese fehlen Fell und Keule. – Die Lyra (Leier; Nr. 24) als Saiteninstrument mit Schildkrötenpanzer als Resonanzkörper (so auf dem Globus Farnese) ist nicht immer typologisch genau dargestellt. Auf dem Mainzer Globus ist sie wie eine Kithara gebildet, was auch sonst nachweisbar ist (Codex Vaticanus graec. 1087, Abb. 10,6).

Ophiuchus (Schlangenhalter; Nr. 25) und Serpens (Schlange; Nr. 28): Ophiuchus ist meist stehend mit der Schlange in den Händen abgebildet, so auf dem Atlas Farnese ebenso wie im Codex Vossianus lat. 79 und auf den meisten mittelalterlichen Planisphären. Dass freilich die Überlieferungslinie des halb sitzenden Ophiuchus auf dem Mainzer Globus fortwirkte, zeigt der ebenso gebildete Schlangenhalter auf dem Codex Aberystwyth aus dem 11. Jh. (vgl. Abb. 10,5), dessen einziger Unterschied zum Mainzer Globus darin besteht, dass Ophiuchus die Schlange einmal um den Leib gewickelt hat. – Pegasus (Nr. 26) ist als geflügelte Pferdeprotome dargestellt, entspricht damit der geläufigen ikonographischen Tradition, die man am Globus Farnese wie an den mittelalterlichen Illustrationen ablesen kann. – Perseus (Nr. 27) hält die Sichel in der Rechten und das Medusenhaupt in der Linken, dazu trägt er auf dem Kopf eine phrygische Mütze.

Sagitta (Pfeil; Nr. 31) fehlt normalerweise im Altertum, so auch auf dem Globus Farnese, und den meisten mittelalterlichen Planisphären. Da aber die Adler des Codex Vossianus lat. 79 und des Codex Matritensis 3307 auf einem gefiederten Pfeil sitzen, ist das schräg laufende Gebilde, auf dem der Mainzer Adler sitzt, als der Pfeil gemeint. Eine gerade Linie zieht auch auf der Hemisphäre des Codex Parisinus lat. nouv. acq. 1614 vom rechten Fang des Adlers nach Norden bis in den Engonasin hinein; es dürfte dies Sagitta sein. Auch Sagitta (Telum) auf Dürers Nordhemisphäre (vgl. Abb. 10,7) steht zum Adler in einer vergleichbaren Position, wenn auch Aquila dort Sagitta nicht berührt.

Das zwischen Widder und Andromeda zu suchende Triangulum (Dreieck) fehlt auf dem Mainzer Globus wie auch auf dem Globus Farnese. Es ist deshalb nicht sicher, ob es auf dem Globus Farnese aufgemalt war, wie man vermutete. Auf Dürers Hemisphäre (Abb. 10,7) und auf

der Planisphäre des Berliner Cod. Phillippicus 1830 ist es eingezeichnet. Auf den meisten Planisphären und Hemisphären fehlt es zwar, jedoch lässt die Salzburger Planisphäre vermuten (vgl. Abb. 8,4–8,5), dass wir mit dem Sternbild auch auf antiken Darstellungen zu rechnen haben.

Der große Bär (Ursa Maior; Nr. 29) wurde zwar literarisch auch Wagen genannt, in den Darstellungen hingegen kommt der Wagen nicht vor. Der Kleine Bär (Ursa Minor; Nr. 30) hieß auch Hundsschwanz (canis cauda). Er hat auf dem Mainzer Globus den notwendigen längeren Schwanz. Das nach F. Boll „lächerliche Bild eines Bären mit überlangem Schwanz aus sieben Sternen" ist eine Analogiebildung zur Ursa Maior. Die beiden Bären und der Draco sind die oft zusammen abgebildeten Polarkonstellationen (Abb. 2,10).

Die Sternbilder der Südhemisphäre

Der Altar (Ara; Nr. 32) hat eine Basis, einen schmalen Mittelteil und eine Deckplatte, auf der die Flammen lodern. Auf der Planisphäre des Cod. Vaticanus graecus 1087 aus dem 15. Jh. (vgl. Abb. 10,6) und auf einigen anderen Darstellungen ist Ara hingegen leuchtturmartig nach Art des Leuchtturms (Pharos) von Alexandrien wiedergegeben. Auf der Planisphäre des Codex Bernensis 88 (vgl. Abb. 8,2) erscheint Ara als zikkuratähnliche Stufenpyramide, womit auch auf die Form eines Leuchtturms angespielt worden sein dürfte. – Die Argo (Schiff, mit Carina [Schiffskiel], Velum [Segel] und Puppis [Heck]; Nr. 33) ist von dem des Atlas Farnese sehr verschieden (vgl. dazu unten Kap. 10).

Der Große Hund mit dem Sirius (Canis Maior; Nr. 34) ist als laufender Wolfshund mit der Scheibe samt Strahlenkrone hinter dem Kopf dargestellt; so erscheint er auch im Codex Vossianus lat. 79. Sirius α CMa ist auf dem Mainzer Globus mit dem großen Kreis unter der Zunge des Hundes gemeint. Auf dem Atlas Farnese fehlt die Scheibe, den Hund krönt nur die Strahlenkrone. Auf den mittelalterlichen Planisphären findet sich die Scheibe mit Strahlenkranz im Codex Vaticanus graec. 1087 (Abb. 10,6) und im Berliner Codex Phillippicus 1830, also relativ selten. Der Hund ist meist als großer laufender Hund ohne weitere Attribute dargestellt. – Der Kleine Hund (Canis Minor; Nr. 35) trägt nicht wie jener des Codex Vossianus lat. 79 das Halsband, sondern ist schlicht als kleiner laufender Hund gegeben. Das entspricht auch dem Atlas Farnese.

6,14 Großer Hund.
Abd ar-Rahman as-Sufi (10. Jh.).

Der Centaurus (Zentaur; Nr. 36) hält sein Mäntelchen mit dem linken Arm, im rechten Arm hat er den gebogenen, kurzen Hirtenstab. Mit dem Stab scheint er nach dem Lupus (Nr. 44) zu schlagen. Im Codex Vossianus lat. 79 fehlt der Centaurus; der Centaurus aus dem Codex Bononiensis 188 zeigt deutliche Abweichungen: Lupus als Panther, Keule im linken Arm des Centaurus. Den Panther und den Thyrsosstab zeigen auch die Planisphären des Codex Harleianus 647 (vgl. Abb. 10,5) sowie des Codex Vaticanus graec. 1087 (Abb. 10,6). Mit solchen Attributen wird der dionysische Charakter des Centaurus betont, auf dem Mainzer Globus im Hirtenstab ausgedrückt.

Cetus (Walfisch; Nr. 37) hat den geringelten Seetierkörper, sein Vorderteil ist freilich eher wie ein Hund gebildet, während der Cetus am Atlas Farnese (vgl. Abb. 6,7) eher dem Seedrachen entspricht, der Andromeda bedroht, also die beiden Konstellationen Perseus und Andromeda ergänzt. Mit dem Hundekopf des Cetus hat sich der Meister des Mainzer Globus eine Besonderheit erlaubt. – Die nördliche wie die südliche Krone (Kranz; Corona australis; Nr. 38) sind nicht als Kranz, sondern als Sternkreis gegeben. Auf dem Globus Farnese erscheint die Corona borealis als Kranz zwischen Ara und Sagittarius. Die Abstraktion des Sternkreises auf dem Mainzer Globus ist wohl eine Folge des Einflusses der wissenschaftlichen Himmelsgloben.

Corvus (Rabe; Nr. 39) entspricht dem Bild des mit dem Schnabel auf die Hydra einhackenden Vogels, was auch mit dem Atlas Farnese in Übereinstimmung steht. In den mittelalterlichen Planisphären sitzt der Rabe manchmal etwas von der Hydra getrennt, manchmal findet er sich aber auch in der nahen Position, z. B. im Codex Aberystwyth (vgl. Abb. 10,5), im Codex Bononiensis 188 (vgl. Abb. 10,3), im Codex Harleianus 647 (vgl. Abb. 10,4) und im Codex Monacensis lat. 210 (vgl. Abb. 8,3). In diesem Falle ist die Tradition des Codex Vaticanus graec. 1087 (vgl. Abb. 10,6) nicht mehr getreu. – Crater (Becher; Nr. 40) ist als doppelhenkliger Becher wiedergegeben, was nach der römischen Gefäßtypologie sowohl einem Cantharus wie auch einem Crater entspricht (so auch auf dem Atlas Farnese).

Der Fluss Eridanus (Nr. 41) gehört zu den variablen Ikonographien. Als gewundenes Band wie auf dem Mainzer Globus erscheint er auch auf dem Atlas Farnese, wenn auch die Windungen beider Globen etwa spiegelverkehrt erscheinen, was eigentlich nicht sein dürfte. Der kanonische Verlauf des gewundenen Bandes von Orion zu Cetus, von diesem zurück zum Steuerruder der Argo und dann wieder entgegengesetzt ist auf dem Mainzer Globus gegeben, wenn auch der Abstand zum Schiff Argo groß ist, zumal dazwischen noch der Sternkreis Nr. 47 geschoben wurde. Die verschiedenen Variationen des Eridanus auf mittelalterlichen Planisphären belegen eine ikonographische Variationsbreite, die ihren Grund wohl in abstrakten Darstellungen nach Art des Mainzer Globus hat. Daneben muss es schon im Altertum die Figuralversion als Flussgott gegeben haben; der Codex Vaticanus graec. 1087, der Codex Vossianus lat. 79 und auch der Codex Harleianus (vgl. Abb. 10,4) zeigen den Eridanus als Flussgott.

Die Hydra (Wasserschlange; Nr. 42) bildet mit Becher und Rabe eine Einheit. Auf dem Atlas Farnese steht Hydra über Schiff und Centaurus, ist also im Vergleich zum Mainzer Globus merklich nach Osten verschoben. Der Schlangenleib ist ähnlich wie der des Draco Nr. 22 schön mit Schuppen verziert. – Die Ikonographie des Hasen (Lepus; Nr. 43) ist relativ einfach. Er ist fast immer als laufendes Tier gekennzeichnet, was wie auf dem Mainzer Globus auch als Springen angegeben werden kann. Der springende Hase ist die Regel auf den mittelalterlichen Planisphären, doch gibt es auch dabei Ausnahmen: Auf dem Codex Vaticanus graec. 1087 liegt der Hase (vgl. Abb. 10,6). – Die Form des Lupus (Wolf, Tier; Nr. 44) ist nicht von der des Centaurus zu trennen, vor allem nicht bei jenen Darstellungen, wo das Tier nicht als Wolf, sondern als vom Centaurus gehaltener Panther gebildet ist (so auf dem Codex Vaticanus graec. 1087). Auch am Mainzer Globus ist das Tier, das wie eine Art wolliges Schaf gezeichnet ist (ein Unikum unter den greifbaren Bildern), auf den Centaurus bezogen, der das Hirtenholz trägt, und so mehr als Hüter denn als Jäger des Tieres gekennzeichnet ist. Auf dem Atlas Farnese scheint es sich hingegen mehr um einen Panther als um einen Wolf oder ein anderes Tier zu handeln.

Der mythische große Jäger Orion (Nr. 45) sieht auf dem Mainzer Globus so aus, als würde er den Stier angreifen. Orion hält eine Keule in der rechten Hand, während er anderswo, z. B. im Codex Bononiensis 188 (vgl. Abb. 10,3) mit dem Hirtenstab auftritt. An seiner Hüfte ist das Schwert schön durch fünf Sterne charakterisiert. – Der Südliche Fisch (Piscis austrinus; Nr. 46) fehlt auf dem Atlas Farnese. Er ist im Codex Vossianus lat. 79 als ein breiter, flunderartiger Fisch wiedergegeben, was mit dem Mainzer Globus gut zusammenpasst. Das Wasser aus der Hydria des Aquarius ergießt sich als Sternenband zum Maul des Fisches, was auch auf den meisten mittelalterlichen Planisphären zitiert wird.

Die zwei Sternkreise zwischen Lepus und Eridanus (Nr. 47) und am Schwanz von Cetus (Nr. 48) erscheinen nicht unter den gängigen antiken Sternbilderlisten. In der Gestaltung entsprechen sie ungefähr der Corona borealis (Nr. 19) und der Corona australis (Nr. 38), nur sind sie größer; außerdem sind ihre Kreise durch Punkte innen verstärkt, was sie noch besonders hervorhebt.

Südlich des hellsten Sterns am Schwanz des Cetus liegen etliche kleinere Sternhäufungen wie Fornax, Sculptor oder besonders Phoenix, welche in unserer Benennung zwar erst neuzeitlich sind, die sich aber dennoch hier niedergeschlagen haben könnten. Möglich ist freilich auch ein Bezug auf von Aratos erwähnte namenlose Sterne zwischen Aquarius und Cetus.

Das Sternbild zwischen Lepus und Eridanus (Nr. 47) liegt in einem Bereich, wo sich Columba, Caelum, Horologium, Reticulum, Dorado und Pictor befinden. Es ist möglicherweise mit Columba gleichzusetzen. – Die beiden auffälligsten Galaxien in diesem Bereich, die große Magellansche Wolke im Dorado (δ etwa -70°) und die Kleine Magellansche Wolke im Tucana (δ etwa -74°), beide 1519 von Magellan gesehen, liegen außerhalb der Wahrscheinlichkeit.

Vielleicht waren mit den beiden Sternkreisen Nr. 47 und 48 aber auch graphisch markierte externe Sterne der dort liegenden namentlich benannten Sternbilder gemeint. Wie so etwas aussah, zeigen uns die Malereien in dem glanzvollen Sternkatalog des Abd ar-Rahman as-Sufi (Isfahan; 903–986); dort hat der Künstler die zehn externen Sterne unter den Hinterläufen des Großen Hundes (Canis Maior) mit einer trapezförmigen roten Doppellinie eingefasst (Abb. 6,14). Vielleicht sind nach einem Vorschlag von Paul Kunitzsch auch auf dem Mainzer Globus solche externen Partien der benachbarten Sternbilder gemeint.

Der Almagest des Claudius Ptolemaeus

Die Lebenszeit des Claudius Ptolemaeus lässt sich auf ca. 100 bis 170 n. Chr. berechnen. Seine Publikationen im Bereich von Geographie, Astronomie und Astrologie gelten als ein Höhepunkt antiker Wissenschaft.

Sein Sternkatalog trug den Titel *Mathematiké Syntaxis, Mathematische Zusammenstellung*. Stellen daraus werden meist und deshalb auch in diesem Buch mit der Abkürzung *Synt.* zitiert. Später taufte man sie *Megále Syntaxis, große Zusammenstellung*. Die Steigerung von *groß* zu *größter* führte zur *Megíste*, und aus dem arabischen *Megiste/Al-Megiste* wurde das arabische *Almagest*, der bis heute ebenfalls gebräuchliche Rufname des ptolemäischen Hauptwerkes.

Die meisten Namen der Himmelskörper sind eine Kombination der antiken Tradition mit den gräko-lateinischen Namen der Konstellationen. In den einzelnen Sternrufnamen hat sich dann die große Tradition der mittelalterlichen islamischen Astronomen niedergeschlagen, etwa wenn die Sonne α Tau im Stier Aldebaran oder der Hauptstern α Aqu im Adler Altair/Atair genant werden.

Ptolemaeus gibt selbst an, dass er die Positionen der 1022 Sterne seines Sternkataloges am Beginn der Regierungszeit des Kaisers Antoninus Pius vornahm, der 138 n. Chr. römischer Kaiser wurde. Sein Werk wurde vermutlich in den Jahren bis 146 n. Chr. geschrieben. Der Sternkatalog steht in den Büchern 8 und 9 dieses Astronomiehandbuches. Im Buch 7 erläutert der Autor die Methoden der Einrichtung des Fixsternkatalogs: Er gibt für seine Sterne die Positionen in auf die Ekliptik und nicht auf den Äquator bezogenen Koordinaten an. Sein Messinstrument war das von ihm Astrolabos genannte, äußerlich etwas einer Armillarsphäre ähnelndes Instrument, das unten in Abb. 7,11 vorgestellt wird.

Die Genauigkeit der ptolemäischen Sternpositionsberechnungen wurde von einigen modernen Gelehrten harsch kritisiert. Vor allem für die Südhemisphäre scheint Ptolemaeus Zahlen übernommen zu haben, die nicht auf Alexandrien zutreffen. Er hat vermutlich Positionen vermerkt, die von Hipparchos aus dem 2. Jh. v. Chr. stammen und die wohl auf Rhodos festgehalten wurden, wo Hipparchos hauptsächlich arbeitete. Im Allgemeinen ist freilich die große antike und neuzeitliche Hochschätzung des Ptolemaeus gerechtfertigt; erst seit Kopernikus und Kepler ist er überholt.

Sternsummen

Die einzelnen Sternbilder sind am Mainzer Globus (vgl. Abb. 6,6) durch markierte Sterne ergänzt. Das Format des Globus ist freilich zu klein, um hier im Vergleich mit den antiken Fixsternkatalogen Folgerungen zu erlauben. Der Fixsternkatalog des Claudius Ptolemaeus umfasst 1022 Sterne; davon entfallen 916 auf die Sternbilder (die übrigen sind Einzelsterne); die Sternkataloge, die auf der Tradition des Hipparchos von Nikaia, also dem Hellenismus, beruhen, umfassten zwischen 676 und 744 Sterne. Dennoch lohnt sich trotz des kleinen Formats des Mainzer Globus ein Vergleich einiger Zahlen mit den Sternsummen des Leidener Aratus und mit anderen Quellen. Der Leidener Codex Vossianus lat. 79 ist eine prunkvoll illustrierte karolingische Germanicushandschrift aus der Zeit um 840 n. Chr.

Es zeigt sich, dass die Zahl der Sterne und Einzelheiten wie die Coma Berenices kaum den Schluss erlauben, der Mainzer Globus sei direkt mit Ptolemaeus zusammenzubringen. Im Falle des Cetus entspricht die hohe Zahl der Sterne dem Ptolemaeuskatalog, im Falle des Eridanus und des Engonasin bewegt man sich im Bereich hipparchischer Zahlen. Ferner ist zu beachten, dass es unter der ptolemäischen Liste der südlichen Sternbilder überzählige Einzelsterne nur bei den Sternbildern Canis Maior (elf Sterne) und Piscis austrinus (sechs Sterne) gibt. Das spricht sehr dagegen, dass der Vorbildglobus für den Mainzer Globus allein und ausschließlich mit der ptolemäischen Tradition zusammenhängt.

Bedenkt man freilich die geringen Dimensionen des Mainzer Globus, so sind seine Zahlen, auch wenn sie niedrig liegen, doch von erheblichem Gewicht. Auch von diesem Argument her ist das Vorbild des Mainzer Globus im Ägypten des 2. Jhs. n. Chr. verständlich, wenn man ihn auch nicht als Kopie nach Claudius Ptolemaeus direkt ansehen darf.

Sphaera graeca – Sphaera barbarica

Der griechische Himmel, die *sphaera graeca*, den die Römer (und wir) übernahmen, ist voller Sternsagen aus dem Mythos, voller Helden und Tiere, die an den Himmel versetzt worden waren und damit in die Unsterblichkeit eingingen. Ganze Mythenfolgen hat man in den Himmel geschrieben: Die an der Küste Palästinas an den Felsen gekettete Prinzessin Andromeda (Nordhemisphäre Nr. 20) muss hinüber zum drohenden Seeungeheuer schauen, dessen griechischer Name Ketos (lat. Cetus) mit Walfisch ganz falsch übersetzt ist (Südhemisphäre Nr. 1). Ein Ketos ist ein Seedrachen, meist ein grauenvolles Untier, auch wenn der Kopf des Ketos auf dem Mainzer Globus eher wie ein freundlicher Hund aussieht (vgl. Abb. 6,6 Nr. 37). Der Held Perseus (Nordhemisphäre Nr. 11) auf seinem Zauberpferd Pegasos (Nordhemisphäre Nr. 19) rettet die Königstochter; allein vier Sternbilder sind auf diesen einzigen Vorgang bezogen.

Den Griechen war bewusst, dass sie die älteren Himmelsbilder der Babylonier und der Ägypter als Vorläufer hatten. Für den ausnahmsweise liegenden Widder des Mainzer Globus (vgl. Abb. 6,6 Nr. 1) findet man Parallelen nur aus Ägypten, und zwar aus dem Ägypten der hellenistischen und römischen Periode. Auf dem bemalten Sarkophag des Petemenophis (vgl. Abb. 6,13) ist der liegende Widder neben dem rechten Knie des Toten sichtbar. Diese bisher vorliegenden fünf Beispiele aus Ägypten weisen das Motiv des liegenden Widders deutlich dieser Provinz zu. Auch in der sog. *sphaera barbarica* des babylonischen und ägyptischen Himmels galt der Widder als *dux et principium signorum (Führer und erstes der Steinzeichen)*, was mit seiner Lage am Frühlingspunkt begründet wurde.

Babylonische Schöpfungen wie der Schütze als Kentaur, der Capricorn als Mischwesen (Steinbock und Meerwesen; ‚Ziegenfisch') und der Wassermann, der Wasser aus Gefäßen ausgießt, gingen in die ägyptischen wie in die griechischen Sternbildformen ein (vgl. Abb. 6,15).

Vermutlich aus dem 1. Jh. v. Chr. stammt das Himmelsbild von Dendera/Tentyra (Oberägypten), ein Sandsteinrelief aus der späten Ptolemäerzeit oder der beginnenden römischen Kaiserzeit (Abb. 6,16), welches als Deckendekoration des Mittelraumes der östlichen Osiriskapelle auf dem Dach des Hathortempels von Dendera angebracht war. Die Sternbilder umfassen den Zodiacus, der aber nicht durch einen Ring hervorgehoben ist, und weitere Konstellationen; in den Formen verrät sich eine Mischung ägyptischer

6,16 Planisphäre von Dendera (Tentyra)/Oberägypten. Deckenrelief aus der Osiriskapelle im Hathortempel. Sandsteinrelief. Dm. 2,54 m. 1. Jh. v. Chr. Paris, Louvre.

und mesopotamischer Motive (Abb. 6,15). Da aus dem römischen Altertum keine komplette Planisphäre (flache Himmelskarte) vorliegt, ist dieses ägyptische Himmelsbild der älteste Beleg für eine Gesamtdarstellung des Sternenhimmels in bildlicher Form, wenn auch die Sterne der einzelnen Konstellationen nicht – wie am Mainzer Globus – zusätzlich als Punkte erscheinen.

7 Globen, Armillarsphären und Astrolabien

Weltbilder am Mittelmeer

Im 2. Jh. n. Chr. schuf der Astronom und Geograph Claudius Ptolemaeus eine Karte der den Römern (Abb. 7,2) damals bekannten Welt. Das Werk dieses im ägyptischen Alexandria wirkenden Gelehrten gibt für die Zeit um 150 n. Chr. die Koordinaten von etwa 8000 Orten an. Die Karte ist nicht als Zeichnung, sondern als Handschrift überliefert und deshalb nur in moderner Rekonstruktion vorführbar (Abb. 7,1). Person und Werk des Ptolemaeus sind symbolhaft für den Hellenismus in der Römerzeit, als Ägypten römische Provinz war: Neben dem römischen Familiennamen Claudius trägt er den griechischen Beinamen Ptolemaeus (Ptolemaios), den die Makedonenherrscher nach Alexanders Tod in Ägypten eingeführt hatten, als Alexanders General Ptolemaios I. die Nachfolge der Pharaonen antrat. Des Ptolemaeus Arbeitsort Alexandrien an der Nordküste Ägyptens, gegründet 331 v. Chr., wurde seit dem 3. Jh. v. Chr. mit seiner immensen Bibliothek und dem Institut des *Mouseion* ein Wissenschaftszentrum.

Das europäische Zeitalter der Entdeckungen begann nicht erst mit Columbus und Vasco da Gama im 15. Jahrhundert, sondern schon mit Alexander und dem frühen Hellenismus (Indienreise des Megasthenes; Nordmeerreise des Pytheas; arabische und afrikanische Expeditionen der Ptolemäer von Ägypten aus).

Man hat angesichts der Ptolemaeuskarte den Eindruck, dass die Römer nur das zur Kenntnis nahmen, was wirtschaftlich interessant war. Afrika kannte man bis zur Äquatorialzone, Amerika und natürlich auch Australien waren unbekannt. Nordeuropa verzeichnete man nur bis Dänemark, obwohl es leicht gewesen wäre, ganz Skandinavien zu erforschen. Wirtschaftlich interessanter war der Nahe Osten und Arabien. Beides kannte man gut. Der Landhandel nach Asien ging über die ‚Seidenstraße‘ bis nach China, der Seehandel kannte die schnelle Verbindung nach Indien und Ceylon (Sri Lanka).

Die Weltkarte konnte, wie es Ptolemaeus in seiner Geographie beschreibt (1,24) in einer geradlinigen Kegelprojektion oder in einer modifizierten Kegelprojektion mit gekrümmten Meridianen ausgeführt werden; die neuzeitlichen Bildfassungen der Ptolemaeuskarte bevorzugen die gebogenen Meridiane.

In der Kartographie spiegelt sich der römische Handel. Die Römer importierten viel mehr, besonders Luxusgüter, als sie Waren ausführten. Man kümmerte sich anscheinend um die Welt soweit, wie man von dort Kostbarkeiten impor-

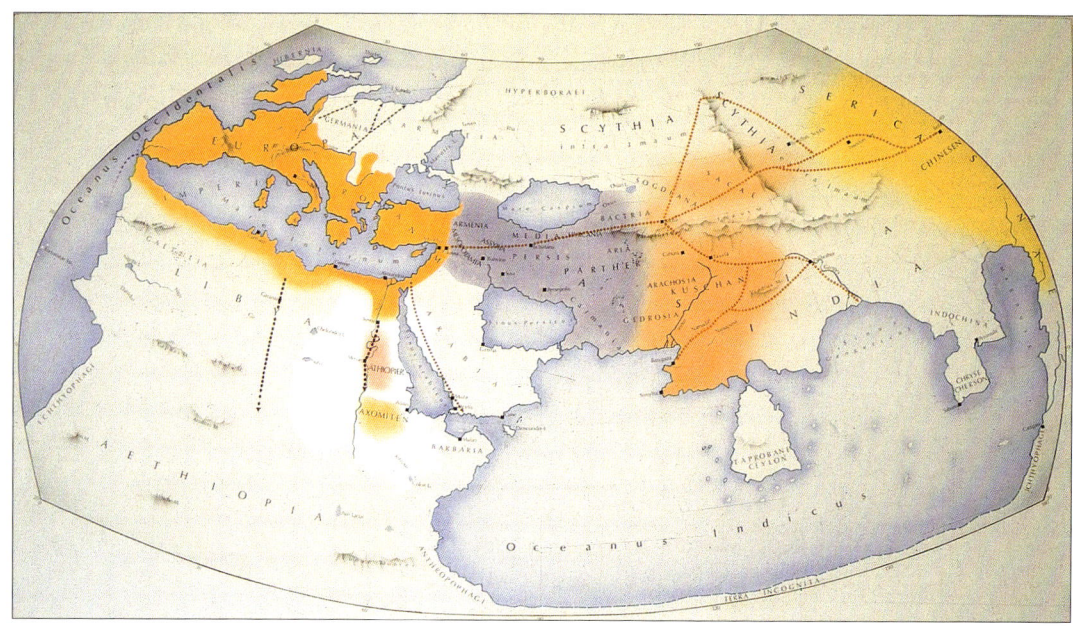

7,1 Die Erdkarte des Claudius Ptolemaeus. Die den Römern bekannte Welt um 150 n. Chr. Rekonstruktion. Mainz, Römisch-Germanisches Zentralmuseum.

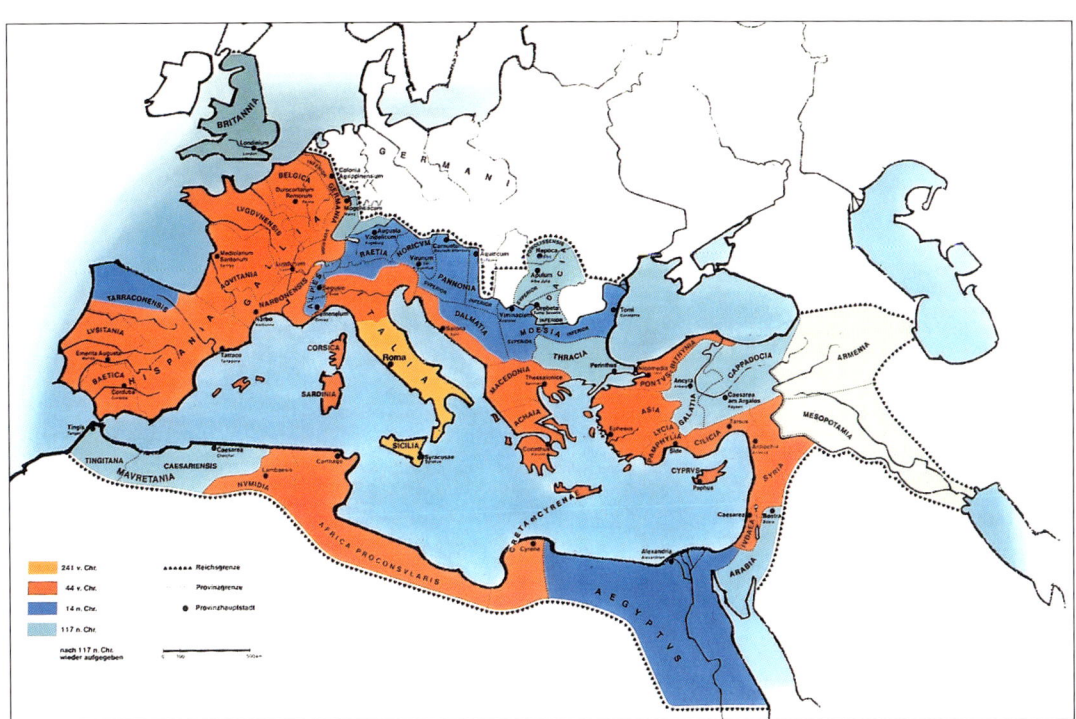

7,2 Karte des Römerreiches um 150 n. Chr. Mainz, Römisch-Germanisches Zentralmuseum.

tierte: Textilien, Duftstoffe, Drogen, Edelsteine, seltene Tiere. In dem Moment, wo man Informationen nicht brauchte (z. B. Skandinavien, Nordosteuropa, südliches Afrika, Nordasien) verzichtete man auf geographische Expeditionen.

Des Ptolemaeus Karte reichte im Osten also folgerichtig bis Indochina und an die Westgrenze der Serer (Chinesen).

nien des Äquators, der Ekliptik und der Parallelkreise die Konzeption eines Erdglobus voraus, dessen Koordinaten auf den Himmelsglobus übertragen werden.

Warum also kann man unter dem erhaltenen archäologischen Material keine Erdgloben nachweisen? Erdgloben werden so gut wie nie dargestellt – ein merkwürdiges Mosaik (wohl aus

7,3 So viel kannte man in der Zeit des Ptolemaeus in Rom von der Erdoberfläche. Mainz, Römisch-Germanisches Zentralmuseum.

Erdgloben

Die Kugelgestalt der Erde war eine grundlegende Erkenntnis. Sie findet sich explizit bei Autoren des 2. Jhs. wie Kleomedes (Caelestia 1,5,20) wie auch bei Ptolemaeus (Synthesis I 4); die Erdumfangmessungen des Eratosthenes und des Poseidonios kommen als Argument hinzu.

Man braucht aber gar nicht zu den antiken Spezialisten zu greifen. Für den älteren Plinius, der 79 n. Chr. beim Vesuvausbruch umkam, war die Kugelgestalt der Erde ausgemacht (nat. hist. 2, 177): *Die Ursache ... liegt in der Gestalt der Erde selbst; ihre samt den Gewässern kugelrunde Form erhellt aus den gleichen Beweisgründen. Daher kommt es ohne Zweifel, dass für uns die Gestirne am nördlichen Himmel niemals untergehen, hingegen die am südlichen Himmel niemals aufgehen und dass ferner die Bewohner des Südens unsere Sterne nicht sehen können, weil die Kugelgestalt der Erde sich gegen den Blick über die Mitte erhebt.*

Es setzte die Konzeption eines Himmelsglobus mit den bis heute gültigen astronomischen Li-

Rom), das uns nur in einer Umzeichnung des 18. Jhs. vorliegt, und das einen Erdglobus darstellt, ist ein zu geringes Argument; es ist fast mit Sicherheit eine Fälschung. Den Grund für diese Konzentration auf die Himmelsgloben sieht man, wenn man bedenkt, dass der gesamte Sternenhimmel sichtbar und kartierbar war, dass man aber von der Erdoberfläche nur einen kleinen Teil kannte (Abb. 7,3). Neben den 48 Sternbildern des Zodiacus und beider Hemisphären auf dem Mainzer Globus (vgl. Abb. 6,1) hätten Erdgloben mit den riesigen Flächen unbekannten Gebietes seltsam gewirkt, wenn sie auch ohne weiteres hätten geschaffen werden können.

Der Mythos, man hätte im Altertum und Mittelalter die Erde für eine Scheibe gehalten, sollte endlich aus dem Bewusstsein verschwinden. Wir sprechen dabei von den Kenntnissen der Wissenschaft. Was das einfache Volk dachte, interessierte freilich niemanden; es gab ja noch kein Ideal der Volksbildung.

Die Himmelsgloben in der Gesellschaft Roms

Die hohe Meinung der gebildeten Kreise Roms über die Himmelsgloben als Kunstwerke wie als wissenschaftliche Objekte hatte bereits in der Republik des späten 3. Jhs. v. Chr. begonnen. Mit den Stiftungen des Konsuls Marcellus, des Eroberers von Syrakus 212 v. Chr., begann in Rom das Zeitalter der Hinwendung der Aristokratie zu griechischer Astronomie und Astrologie. Es ist tragisch, dass dieselbe Eroberung von Syrakus zum Tode des großen Archimedes geführt hatte.

Wie üblich populäre Globen von da an waren, zeigen ihre Erwähnungen als prominente Geschenke. Das in einer römischen Gedichtsammlung, der sog. Anthologia Palatina IX 541 tradierte Gedicht des Antipatros von Thessalonike, eines Epigrammdichters der Zeit des Augustus, schildert als Geschenk des Astrologen Theiogenes an einen gewissen Peison (Piso) ein Silberbecherpaar, mit der Nordhemisphäre auf dem einen Becher und der Südhemisphäre auf dem anderen:

Teurer Piso, uns sendet Theogenes kunstvolle Becher,
deren vereinigtes Rund völlig den Himmel umfasst.
Denn wir bilden die Hälften von einer zerschnittenen Kugel:
Diese zeigt dir den Süd, jene die Sterne im Nord.
Lies im Aratos nicht mehr. Trink lieber uns beide; denn hast du

leer uns getrunken, dann gehn sämtliche Sterne dir auf.

Metallene Trinkbecher oder andere Objekte mit Sternendekor muss es häufiger gegeben haben. Der Kaisergattin Poppaea, Ehefrau Neros, wurde von Leonidas von Alexandrien ein *Abbild des Himmels* als Geburtstagsgeschenk überreicht, in dem wohl ein zierlicher Himmelsglobus aus Edelmetall zu verstehen ist (Anthologia Palatina IX 355):

Nimm von Leonidas denn, dem Sohne des Niles, zum Feste
deines Geburtstags dies Bild unseres Himmelsgewölbs,
Gattin des Zeus, Poppäa, Augusta. Dich freut eine Gabe,
die deinem Bette sowohl wie deinem Wissen gebührt.

Dazu passt die Nachricht beim Historiker Dio Cassius (62, 19,1), dass Nero seine ersten Barthaare in einen kleinen Goldglobus deponierte, und diesen dem Iuppiter Capitolinus weihte: *Seine Barthaare steckte er in eine kleine goldene Kugel und weihte sie dem Iuppiter Capitolinus.*

Von der Produktion dekorierter Globen spricht der spätantike Autor Lactantius (Div. Inst. III 24,6; erste Hälfte des 4. Jhs. n. Chr.): ... *und so stellt man auch Bronzegloben her, welche in Metallarbeit bedeutungsvolle Bilder tragen, die Sternbilder darstellen sollen.*

Solche Bemerkungen klingen wie eine Beschreibung des Mainzer Globus (vgl. Abb. 6,1).

Das Globusgestell (griech. sphairothéke) konnte eine Säulchenkonstruktion sein, wie man sie aus mittelalterlichen Darstellungen (Codex Sangallensis 250; Codex Dresdensis 183) kennt. Solche Basen erinnern an neuzeitliche Prachtglobenmontagen, z. B. an die gedrechselten, kunstvollen Ständer der großen Coronelligloben in der Wiener Nationalbibliothek. Andere Globengestelle antiker Darstellungen sehen wie Dreifüße aus. Es standen die Globen manchmal auch nur auf einfachen viereckigen Sockeln.

Der Silberglobus im Pariser Kunsthandel

Im Februar 2001 erhielt man Nachricht von einem kleinen Globus aus der Osttürkei, der sich damals im Pariser Kunsthandel befand (Abb. 7,4). Der 6,3 cm im Durchmesser betragende Himmelsglobus besteht aus Silber (vergoldet oder teilvergoldet); er wird als Teil eines Hortfundes bezeichnet, zu dem noch zwei Silberbecher gehören.

Der Globus zeigt die vier Linien der Winter- und Sommersonnenwende sowie des Frühlings- und Herbstpunktes. An Breitengraden zeigt der Pariser Globus den Äquator, den nördlichen und den südlichen Wendekreis sowie den nördlichen Polarkreis. Der südliche Polarkreis wäre dort zu suchen, wo der Globus unten abgebrochen ist; auf der Höhe des antarktischen Breitengrades endet das Stück mit einem großen runden Loch. An der oberen Seite ist kein Loch zu sehen.

Die Ekliptik mit dem Zodiacus ist nur als eine einzige Linie und nicht als drei Linien gegeben. Der Frühlingspunkt liegt zwischen dem Widder und den Fischen. Im Zodiacus fehlt die Waage, was auf den Hellenismus deuten könnte, dem der Figurenstil freilich absolut nicht entspricht (dieser soll etwa ein Niveau des 2. bis 3. Jhs. n. Chr. vertreten). Ikonographisch zeigt der kleine Globus eine Reihe von Auffälligkeiten, die sich nicht mit den bisher bekannten antiken Globen und Planisphären vereinbaren lassen. Das Wasser des Wassermannes (Aquarius) als Riesenschlange (vgl. Abb. 7,4, unten links) ist beispielsweise schwer als Missverständnis erklärbar. Allenfalls könnte man bei diesen und etlichen anderen ikonographischen Merkwürdigkeiten annehmen, der Künstler habe sein Handwerk nicht verstanden; es bliebe dann offen, ob der Kunde die Arbeit zurückgehen ließ, was ja immerhin möglich ist.

7,4 Silberner Himmelsglobus. Kunsthandel Paris, 2001. Aus der Osttürkei. Dm. 63 mm.

7,5 Himmelsglobus. Cassiopeia, Cygnus, Lyra und nördlicher Parallelkreis. Fundort unbekannt. Fragment, blauer Marmor. H. 11,2 cm. Br. 33 cm. Berlin, Staatliche Museen, Antikensammlung, Beschreibung Nr. 1050A.

7,6 Himmelsglobus. Zodiacus,
Parallelkreise und Koluren.
Fragment. Ehem. Larissa, Thes-
salien/Griechenland. Marmor.
Dm. 90 cm. Verschollen.

7,6 Himmelsglobus. Zodiacus, Parallelkreise und Koluren. Fragment. Ehem. Larissa, Thessalien/Griechenland. Marmor. Dm. 90 cm. Verschollen.

Der Berliner Himmelsglobus aus buntem Marmor

Ein außerordentlich prunkvoller Himmelsglobus mit sicherlich dem gesamten Sternenhimmel liegt leider nur in dem kleinen Berliner Fragment vor (Abb. 7,5). Das Stück stammt wie der
Atlas Farnese aus der Hauptstadt Rom. Es ist das
Fragment eines dekorativen Himmelsglobus aus
blauem Marmor (Grigio), in den die Sternbilder
in genau passend zugeschnittenen Marmortei-
len (opus sectile) eingelegt waren. Man erkennt
von links einen kleinen Rest (die Hand) von Engonasin, dann die Lyra, den Schwan (Cygnus)
und die Kassiopeia. Zwischen Cygnus und Lyra
verläuft eine exakte, gerade Linie, in der man die
Milchstraße hatte erkennen wollen. Von der Linienführung und der Position her dürfte es sich
aber um den nördlichen Parallelkreis handeln.
Die auf eine regelmäßige Form ausgerichtete Zurichtung des Fragmentes verursacht zuerst Ori-
entierungsschwierigkeiten; ich habe deshalb das
Fragment genau nach Norden gedreht, so dass
die einzelnen Bilder an der richtigen Position
erscheinen. Wie üblich sind auch sie seitenverkehrt.

Das Berliner Fragment ist als Beleg dafür wertvoll, dass es figural verzierte Himmelsgloben in
weiteren Variationen gegeben hat; es ist der Rest
eines ehemals ca. 60 cm im Durchmesser betra-
genden Globus, der damit fast genauso groß wie
der 65 cm messende Globus des Atlas Farnese war
(er stammt aus dem 1. bis 2. Jh. n. Chr.). Nur war
der Berliner Globus ungleich feiner gearbeitet.
Neben den beiden Marmorgloben Berlin und
Atlas Farnese, die beide nicht vollständig sind,
stellt der Mainzer Globus das einzige komplette
Exemplar dar. Das Berliner Fragment zeigt ferner
außerdem, dass manchmal auch an solchen Marmorgloben die einzelnen Sterne wie am Mainzer
Globus markiert waren; und ebenso wie am
Mainzer Globus, wo kleine Kreise einziseliert
wurden, hat man hier das kleine Kreissymbol für
den Einzelstern gewählt: Es sind 4–5 mm große
runde Stifte aus gelbem Marmor. Es scheint freilich so zu sein, dass man nur die außerhalb der
Sternbilder liegenden zusätzlichen Sterne markierte, und es ist in diesem Falle nicht auszuschließen, dass diese auf dem Globus des Atlas
Farnese aufgemalt waren. Die jetzige Farbfassung
am Abguss (vgl. Abb. 6,4) ist ja modern und basiert nicht auf Farbresten am Original.

7,7 Himmelsglobus. Jupiterattribute (Adler, Blitz). Zodiacus, hier mit Krebs, Löwe, Jungfrau, Waage und Skorpion. Fundort unbekannt. Marmor. Dm. 16 cm. Römische Kaiserzeit. Stuttgart, Württembergisches Landesmuseum Inv. 1.83.

Der verschollene Himmelsglobus in Larissa

Zumindest einen Rest von astronomischen Angaben zeigt ein verschollener Marmorglobus aus Larissa, Thessalien/GR, der aber andererseits sehr summarisch gearbeitet ist (Abb. 7,6). Da er 90 cm misst, muss er von einem Monument beträchtlicher Größe stammen. Die Durchmesser der wesentlichen hier genannten Globen sind:

Larissa	(Abb. 7,6)	90 cm
Atlas Farnese	(Abb. 6,4)	65 cm
Vatikan	(Abb. 7,8)	60 cm
Berlin	(Abb. 7,5)	60 cm
Athen	(Abb. 1,14)	31 cm
Stuttgart	(Abb. 7,7)	16 cm
Mainz	(Abb. 6,1)	11 cm

Schon aus dieser kurzen Liste ergibt sich die Ausnahmestellung des großen Globus von Larissa. Eine Beschreibung liegt nur von Bruno Sauer vor, der den Globus im November 1888 vor dem Schulgebäude in Larissa sah, und der eine Notiz an Georg Thiele schickte: *Fragmentierte Himmelskugel von bläulichem (thessalischen) Marmor, Dm. 0,90 m. Eine Kugelkalotte ist abgearbeitet und die* *ganze Kugel ausgehöhlt. Oberfläche zum Teil gerauht (unvollendet?), zum Teil mit Gradnetz und Ekliptik versehen. Die Sternbilder, die ich erkennen kann, sind: Krebs, Schütze als Kentaur, Fisch, Schiff. Zwischen Fisch und Schiff ein l. Schenkel, dessen Fuß unter der Zonenlinie noch zum Vorschein kommt; auch scheint oben an der Seite eine Hand zu liegen. Dann, sehr verrieben, etwas, das einem laufenden Hunde gleicht usw. Alles sehr verrieben, überdies war das Ganze früher mit Kalk bedeckt.* Nach den Resten der Ekliptik mit Skorpion (nicht Krebs) und Schütze zeigt die Photographie einen Blick auf den südlichen Parallelkreis und den Schnittpunkt der Koluren des Herbstäquinoktiums und der Wintersonnenwende. Die Genauigkeit ist aber viel geringer als die des Globus Farnese, und Georg Thieles Zweifel am wissenschaftlichen Wert des Larissaglobus waren berechtigt; sein Verlust ist dennoch sehr beklagenswert.

Die Himmelsgloben im Vatikan und in Stuttgart

Eine Variation der römischen Himmelsgloben zeigt nur den Zodiacus in Verbindung mit einem stilisierten Sternenhimmel. Einen solchen Glo-

7,8 Himmelsglobus. Zodiacus und stilisierter Sternenhimmel. Fundort unbekannt. Marmor. Dm. 60 cm. Rom, Vatikan, Sala dei Busti Nr. 341.

morne Himmelsglobus der ehem. Waldeckschen Sammlung in Arolsen (jetzt im Württembergischen Landesmuseum Stuttgart (Abb. 7,7); als Attribut einer Iuppiterstatue des 1. oder 2. Jhs. n. Chr., denn es rahmen auf ihm die Iuppiterattribute Adler oben und Blitz unten den Zodiacus ein. In der Zodiacusabfolge sind die Sternbilder in der korrekten Ansicht gezeigt; der Künstler hat die Konstellationen also nicht einem Himmelsglobus entnommen, sondern hatte die unzähligen römischen Tierkreiszeichen in Malerei, Mosaik und Skulptur als Musterbuch zur Verfügung. Singulär ist seine Version der Virgo (Jungfrau) als kauernde nackte Frau.

Für die antike Himmelskunde sind solche Globen unerheblich; sie spielen aber auf dem Felde der Universalherrschaftspropaganda der römischen Kaiser wie der römischen Götterikonographie eine große Rolle (vgl. unten Kap. 9).

Islamische Himmelsgloben

Einige antike Himmelsgloben überlebten das Ende der Antike. Im 11. Jahrhundert gab es in Kairo noch einen Bronzeglobus, von dem man meinte, er stamme von Claudius Ptolemaeus persönlich, und den sich die islamischen Astronomen zum Vorbild eigener Konstruktionen nahmen. Michael Scotus (ca. 1175–1234), Hofastrologe Kaiser Friedrichs II., hatte ferner nach eigener Aussage in einer nordfranzösischen Stadt einen Atlas mit einem Himmelsglobus auf den Schultern gesehen, eine Bronzestatue, deren Globus keine Sternbilder, sondern astronomische Figuren zeigte.

Die über 130 erhaltenen Globen aus der islamischen Welt beginnen mit dem 11. Jahrhundert: Der älteste noch existierende Himmelsglobus aus dem westlichen Teil der islamischen Welt wurde in Valencia, Spanien, im Jahre 1085 von Ibrâhîm ibn Saʿîd as-Sahlî al-Wazzân in Zusammenarbeit mit seinem Sohn Muhammad konstruiert; er zeigt 47 Sternbilder (Crater fehlt) mit 1015 Sternen (Abb. 7,9). Die Milchstraße fehlt wie auch sonst überall auf den islamischen Globen. Die Gestaltung lehnt sich an die antiken Globen an: Die Sternbilder sind alle seitenverkehrt abgebildet.

Der älteste erhaltene Himmelsglobus aus dem islamischen Osten ist ein persischer Metallglobus der Jahre 1140/1141 mit Sternpositionen, aber ohne Sternbilder. Der älteste persische Himmelsglobus mit den 48 Sternbildern und etwa 1025 Sternen datiert in die Jahre 1144/1145.

bus trägt der Aion (die Allegorie der Ewigkeit) auf dem Relief mit der Apotheose des Kaisers Antoninus Pius und der Faustina in Rom. Im Exemplar der Sala dei Busti im Vatikan (Abb. 7,8) erreicht er mit 60 cm Durchmesser beträchtliche Größe. Der Zodiacus ist als reliefverziertes Band gegeben, die Sterne sind als Zackenmotiv eingetragen. Eine kleinere Variation dieser Art ist der Globus auf dem Saturnrelief im Louvre, wo die Sterne als Vierpassmuster erscheinen.

Die Reihenfolge der Zodiacuszeichen auf dem Globus im Vatikan entspricht der normalen Abfolge der zwölf Zeichen, die nicht durch Stege oder Linien getrennt sind. Die Ansicht der Zeichen ist unterschiedlich: Löwe, Stier und Widder sind seitenverkehrt nach Art der Himmelsgloben gegeben, während beispielsweise Capricorn und Schütze in der von der Erde aus gesehen Richtung abgebildet sind.

Andere Astralgloben sind als Zutaten von Götterfiguren kenntlich. So erklärt sich der mar-

7,9 Himmelsglobus, Metall. Dm. 20, 9 cm. Ältester noch exis- tierender Himmelsglobus aus dem westlichen Teil der islami- schen Welt. Valencia/Spanien, 1085. Ibrâhîm ibn Sa'îd as-Sahlî al-Wazzân in Zusammenarbeit mit seinem Sohn Muhammad. Florenz, Istituto e Museo di Storia della Scienza Inv. 2712.

Armillarsphären und das Astrolabium des Ptolemaeus

Neben der vollständigen Globusform (sphaira stereá) gab es außerdem noch die Armillarsphäre (sphaira krikoté), welche die wichtigsten Himmelskreise in ihrer Lage zueinander zeigte; es war ein System teils fester, teils beweglicher kreisrunder, zum Teil mit Gradeinteilung versehener Ringe.

Einen Himmelsglobus mit Andeutung eines metallenen Kreissystems nach Art der Armillarsphären gibt wohl das Deckengemälde eines römischen Hauses in Stabiae am Golf von Neapel wieder; man hat dabei auch an die astronomische Deckendekoration eines Raumes in Kaiser Neros Palast in Rom, dem Goldenen Haus (*Domus Aurea*) erinnert, von der man freilich keine ganz sichere Vorstellung hat. Das Gemälde entstand im mittleren 1. Jh. n. Chr. und Stabiae wurde wie Pompeji im August 79 n. Chr. verschüttet.

Dass solche Darstellungen nicht auf Italien beschränkt sind, zeigen die Armillarsphären als Träger von Victorien im Giebel des Tempels der Sulis Minerva in Bath, Avon/Südengland. Die bisher früheste und deshalb sehr bemerkenswerte Darstellung einer Armillarsphäre gehört noch in den späten Hellenismus (um 100 v. Chr.) und findet sich auf einem Mosaik im sog. Ledahaus (Casa di Leda) in Solunto, Palermo/Sizilien (Abb. 7,10). Das Motiv auf einem Mosaik in einem Privathaus bezeugt die Popularität wissenschaftlicher Apparate schon in hellenistischer Zeit. Ein Astrolabium samt Ständer steht vor der Urania des römischen Mosaiks aus Vichten/Luxemburg mit Homer und den neun Musen.

Das Wort Astrolabium (griech. Astrólabos Sternnehmer, Sternmesser) bezeichnet zwei verschiedene astronomische Hilfsmittel: die armillarsphärenähnliche Konstruktion, deren Aufbau von Claudius Ptolemaeus (Synt. 5, 1) beschrieben wird, und das Astrolabium planisphaericum,

7,10 Armillarsphäre. Ausgrabungsgelände in Solunto, Prov. Palermo/Sizilien. Mosaik in der Casa di Leda (Ledahaus). 77 × 77 cm. Hellenistisch, um 100 v. Chr.

ihm aufgelisteten 1022 Fixsterne in möglichst genauen Positionen, nach Sternbildern geordnet, vorführen wollte; die Angaben erfolgten in einem auf die Ekliptik bezogenen Koordinatensystem nach Längen und Breiten in Bogengraden und Bogenminuten, wobei die Sterne nach fünf Größen geordnet wurden. Mit seinem Astrolabium konnte Ptolemaeus die Mondbahn, die Ekliptik und die Standorte der Planeten wie der Fixsterne bestimmen. Das Instrument besteht aus sieben ineinander montierten Ringen, die um zwei unterschiedliche Achsen bewegt werden konnten. Das Gerät funktionierte bei der Fixsternanpeilung folgendermaßen: *Positionsbestimmung von Fixsternen: Auf dem Ekliptikring (5) wird der äußere Astrolabring (3) auf die Position eines markanten, bereits eingemessenen Fixsterns gebracht (z. B. Sirius: in der Zeit des Ptolemaios Rektaszension Gemini 17° 40'), und zusammen mit dem Ekliptikring auf den betreffenden Stern ausgerichtet (somit kommt der Ekliptikring in die zum Beobachtungszeitraum aktuelle Lage). Hierauf können mit dem inneren Astrolabring (6/7) beliebige weitere Sterne angepeilt und deren Positionen abgelesen werden. Dabei hat der äußere Astrolabring die Funktion eines Nachführrringes, mit welchem während länger dauernder Arbeit das Gerät – in Ermangelung eines Motors – der Bewegung des Himmels nachgeführt werden kann* (Alfred Stückelberger: Antike Welt 29, 1998, 381).

eine flache Scheibe zum Messen der Höhe eines Sterns über dem Horizont. Dies sind die Astrolabien islamischer und europäischer Herkunft, die in zahlreichen Exemplaren erhalten sind. Ptolemaeus hatte sich ein Astrolabium konstruiert, (Abb. 7,11) weil er in seinem Sternkatalog die von

7,11 Das Astrolabium des Claudius Ptolemaeus. Rekonstruktion Alfred Stückelberger, Bern.

Planisphären, Uhren, Obelisken 8

Die Planisphäre des Claudius Ptolemaeus

Mit den beiden umfassenden Astralgloben, dem Globus Farnese (vgl. Abb. 6,3–6,4) und dem Mainzer Globus (vgl. Abb. 6,1 und 6,2), sind weniger die vielen simplifizierten Himmelskugeln als vielmehr die flachen Sternkarten in Form der Planisphäre vergleichbar. Auf einer Planisphäre mit dem Nordpol im Zentrum, dem exzentrischen Ekliptikpol und dem ebenfalls exzentrischen Ring der Ekliptik können entweder nur in der Form der Hemisphäre die nördlichen Sternbilder aufgezeichnet werden, oder man nimmt bis zum südlichen Wendekreis die dann nach außen natürlich immer mehr auseinander liegenden Sternbilder auf.

Der Wunsch, eine flache Sternkarte vor sich zu haben (Globen waren manchmal recht groß und unhandlich), muss bereits im Hellenismus oder der frühen Kaiserzeit aufgekommen sein. Außerdem konnte man flache Sternkarten in die Bücher als Illustration mit aufnehmen. Im 2. Jh. n. Chr. existierten solche Sternkarten sicherlich, denn ihre Konstruktion wird von Claudius Ptolemaeus beschrieben. Außerdem haben wir ungefähr aus derselben Zeit das einzige antike Fragment einer Planisphäre, die Salzburger Kalenderuhr (vgl. Abb. 8,4–8,5).

Die Konstruktion einer Planisphäre – oder eines Planisphaerium, wie es in der lateinischen Fassung der Ptolemaeusschrift heißt – ergibt eine nordpolzentrierte Planprojektion des Sternenhimmels (Abb. 8,1). Auf diesem Schema kann man die Sternbilder beider Hemisphären anordnen. Der südliche Wendekreis bildet die Außenlinien, innen folgen konzentrisch der Äquator und der nördliche Wendekreis, die alle auf den Nordpol in der Mitte zentriert sind. Die Ekliptik, also der Zodiacus, ist zur Seite verschoben und wird zwischen die beiden Wendekreise eingefügt, wobei sich der Ekliptikpol im Raum zwischen dem Nordpol und dem nördlichen Wendekreis befindet. Der Nachteil einer solchen Planisphäre liegt darin, dass man die zwölf Zodiakalzeichen einigermaßen ordentlich zeigen kann, während die Sternbilder der Nordhemisphäre arg zusammengedrängt werden müssen

und die südlichen Sternbilder dagegen weit auseinander gezogen erscheinen.

Mittelalterliche Planisphären

Wie antike gemalte Planisphären aussahen, können wir anhand mittelalterlicher Planisphären rekonstruieren, die als Buchillustrationen auf uns gekommen sind. Besonders wertvoll ist die Serie von Sternkarten aus mittelalterlichen Ausgaben der lateinischen Aratosübersetzung des römischen Feldherrn Germanicus (vgl. Abb. 5,11).

Planisphären kann man in zwei Versionen begegnen. Wir haben gesehen, dass auf den Himmelsglobus des Altertums die Sternbilder alle seitenverkehrt abgebildet wurden, weil man sich die Erde winzig klein im Zentrum des Globus dachte, und damit den Betrachter des Globus als einen imaginären Zuschauer von außerhalb der Fixsternsphäre ansah. Jene Planisphä-

8,1 Konstruktionsschema einer Planisphäre.

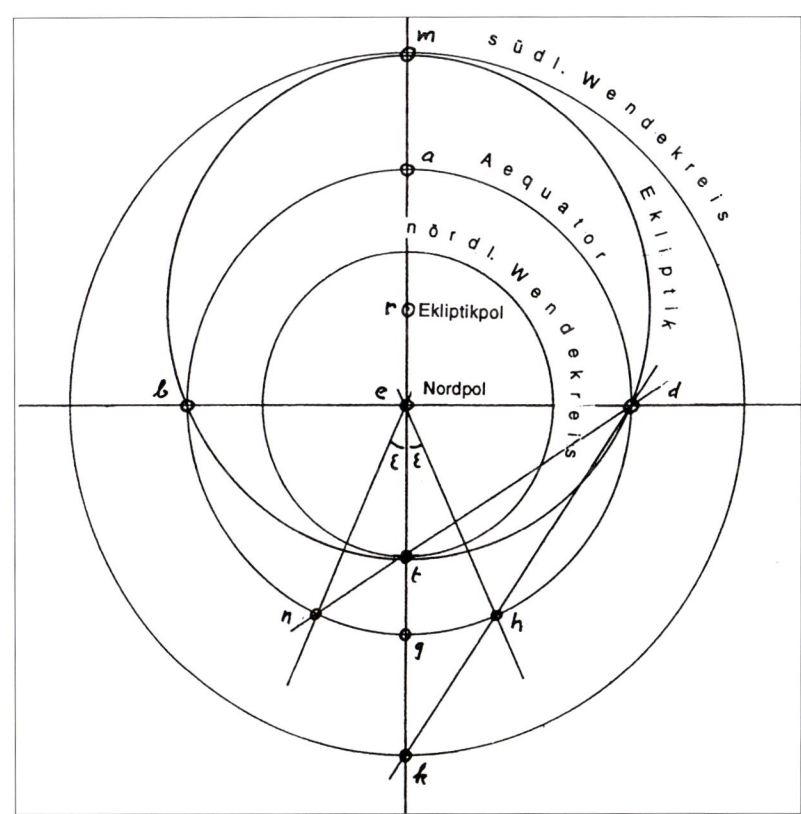

ren, die sich gegen die Logik immer noch an diese Form hielten, nennt man den Globustyp. Die anderen Planisphären, welche die Position der Sternbilder in richtiger Art wiedergeben, so wie sie sich dem Auge des Betrachters von der Erde aus darbieten, nennt man den Kartentyp.

So erscheinen auf den Globen Farnese und Mainz beispielsweise Widder und Löwe nach links gerichtet, Stier nach rechts. Die prachtvolle Planisphäre der Germanicushandschrift des Codex Bernensis 88 aus dem frühen 11. Jh. (Abb. 8,2) zeigt sich als Kartentyp, da die Sternbilder in der richtigen Ansichtseite wiedergegeben sind. Dasselbe gilt für den Codex Monacensis latinus 210 (Abb. 8,3). Dieser freilich zeigt einen von einem gelben Kreis eingefassten Tondo, in dem man schon genauer hinschauen muss, um den

diskret markierten Zodiacus zu finden. Die meisten mittelalterlichen Planisphären (vgl. unten Kap. 10) ähneln in der Linienführung mehr dem Codex Bernensis.

Die Salzburger Kalenderuhr

Die einzige nennenswerte antike Planisphäre ist das Fragment einer Kalenderuhr aus Salzburg/Österreich (Abb. 8,5). Das in Bronze gearbeitete Fundstück mit den einziselierten Figuren gehört in das 2. Jh. n. Chr., ist also nicht weit entfernt vom Mainzer Globus entstanden.

Die Salzburger Uhr zeigt vom Zodiacus Pisces (Fische), Aries (Widder), Taurus (Stier) und Gemini (Zwillinge). Von den Sternbildern der Nordhemisphäre sind Triangulum (Dreieck), Andromeda, Perseus und Auriga (Fuhrmann) zu erkennen. Andromeda und Auriga sind beschriftet. Über dem Kopf Andromedas erscheint der Rest eines großen Sterns; von der Position her müsste es sich um einen Teil der Cassiopeia handeln. Der Fuhrmann ist mit Ziege und Böcklein dargestellt. Auf den römischen Sternkarten muss das Dreieck (Triangulum), welches auf den Globen Farnese/Mainz fehlt, verzeichnet gewesen sein, denn es erscheint hier auf der Bronzescheibe der Salzburger Kalenderuhr. Auf der Rückseite der Scheibe sind für das Bedienungspersonal der Uhr die Namen der Sternzeichen wie der Monate eingeschrieben.

Eine Rekonstruktion der Salzburger Kalenderuhr steht im Römisch-Germanischen Zentralmuseum Mainz (Abb. 8,4). Die Uhr konnte nach dem Salzburger Fragment und der ausführlichen Beschreibung bei Vitruvius rekonstruiert werden. Sie besteht aus einer großen drehbaren Scheibe und aus einem davor gesetzten festen Gitternetz.

Man bezeichnet die zwölf Stunden durch Kupferdrähte, die vom Mittelpunkt aus auf der Vorderseite nach der Weise des Analemma („Aufnahme"; Flächenprojektion) angeordnet sind. Hinter diesen Drähten wird eine Scheibe sichtbar, auf der der Sternenhimmel mit dem Tierkreis projiziert und aufgezeichnet ist. Die Projektion wird aus dem Bilde der zwölf Tierkreiszeichen gebildet, dessen exzentrische Form das eine Zeichen größer, das andere kleiner gestaltet (Vitruv IX 8, 8). Die Scheibe dreht sich also langsam einmal in 24 Stunden. Sie wurde in der Antike durch ein hydraulisches System *(Klepshydra)* bewegt. In der Rekonstruktion wird sie durch einen Elektromotor gedreht.

Die Angaben auf der drehbaren Scheibe sind also so zu lesen: Die exzentrisch liegende Eklip-

8,3 Planisphäre. Codex Monacensis lat. 210 (fol. 113v). Um 818. München, Staatsbibliothek.

8,5 Planisphärenfragment einer
Kalenderuhr. Aus Salzburg/Ös-
terreich. Bronze. Radius 40,6 cm,
Bogenlänge 55 cm. 2. Jh. n. Chr.
Salzburg, Museum Carolino-
Augusteum Inv. 3985.

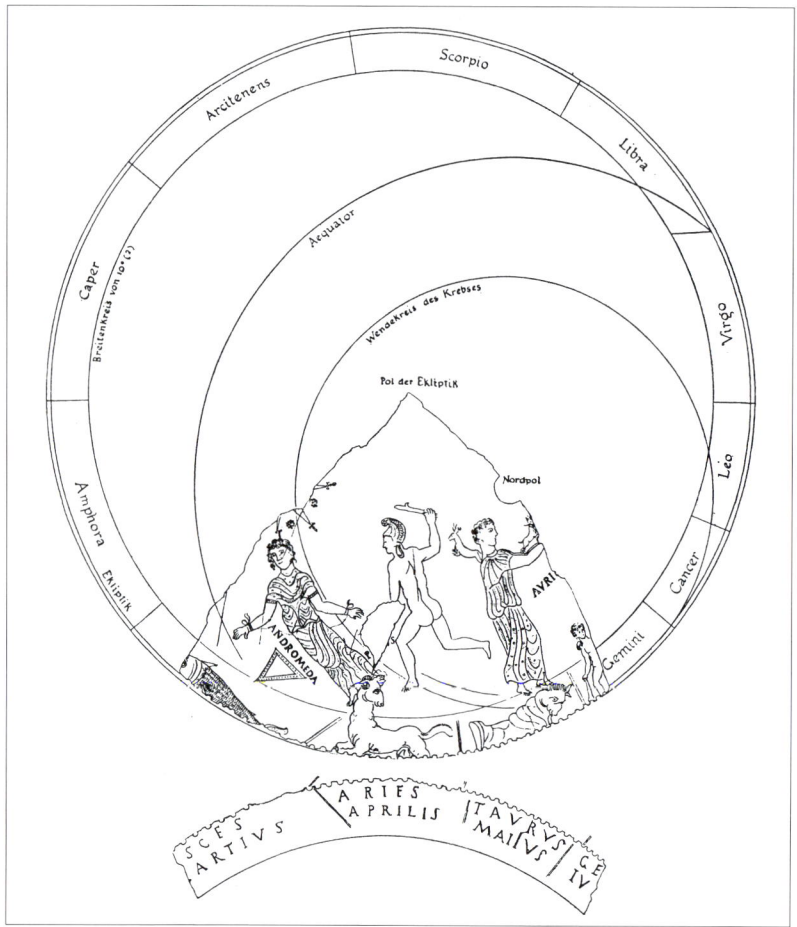

tik mit den Tierkreiszeichen markiert die Monate. Innerhalb jeden Monats sind 15 Löcher ge-
bohrt, in denen mit einem kleinen Stäbchen
oder Knöpfchen *(bulla)* das Tagesdatum angegeben wurde; es musste jeden zweiten Tag um ein
Loch weiterversetzt werden (Vitruv spricht von
einem Loch für jeden einzelnen Tag). Dies wurde
von einem Uhrwächter vorgenommen, und
zwar von hinten, von wo aus die Uhr zugänglich
war. Man muss sich vorstellen, dass eine solche
Uhr von mindestens 1,20 × 1,20 m an einem
Turm oder sonst einem prominenten Platz mon-
tiert war, wenn sie nicht wie die Uhr im atheni-
schen Turm der Winde in einem besonderen Ge-
bäude untergebracht war.

Das vorgelegte Gitternetz ist in die Tagesstunden (oben) und die Nachtstunden (unten) unterteilt. Die gebogene Gestaltung der Trennlinie
zwischen den Tages- und den Nachtstunden
orientiert sich am geographischen Standort und
ist am Modell ungefähr auf die 48° nördlicher
Breite ausgerichtet (Salzburg liegt wenige Kilo-
meter südlich davon). Am Äquator müsste die
Trennlinie exakt waagrecht sein.

Die Unterteilung ergibt jeweils zwölf Tages-
und zwölf Nachtstunden. Die Position des Mar-
kierungsstäbchens gibt dem Betrachter auf einen
Blick drei Angaben: Monat, Tagesdatum und
Uhrzeit (je nachdem, wo das Stäbchen unter

dem Gitternetz steht). Entsprechend der Jahreszeit sind die Längen der zwölf Stunden des Tages und der Nacht unterschiedlich lang und nur zu den Tag- und Nachtgleichen identisch.

Ein weiteres Fragment einer solchen römerzeitlichen Kalenderuhr, ohne Figurenschmuck, hingegen mit Zahlenangaben für Monate und Tage, stammt aus Grand, Dép. Vosges in Ostfrankreich. Eine solche Uhr nennt Vitruv eine Winteruhr *(horologium hibernum)*, was man im Gegensatz zur Sonnenuhr auch mit Schlechtwetteruhr übersetzen könnte.

Die Wasseruhr Harun al-Raschids in Aachen

Im Jahre 800 erreichte eine Gesandtschaft des Kalifen von Bagdad, Harun al-Raschid, nach einer Reise von mehr als vier Jahren den Hof Karls des Großen in Aachen. Im Jahre 807 kam eine zweite Gesandtschaft Haruns nach Aachen, welche mit dem Geschenk einer großen Wasseruhr (Abb. 8,6) Aufsehen erregte: *... auch eine in mechanischer Kunst wunderbar ausgeführte Uhr aus Messing, in welcher der Lauf der zwölf Stunden, geregelt durch eine Klepshydra, die sich drehte mit ebenso vielen bronzenen Kügelchen, die nach Ablauf der Stunden herunterfielen und durch ihren Fall eine darunter liegende Zimbel erklingen ließen. Außerdem waren darin Reiter in gleicher Zahl, die am Ende der Stunden aus zwölf Fenstern herauskamen und durch den Stoß bei ihrem Heraustreten ebenso viele Fenster, die vorher offen waren, schlossen. Noch vieles andere gab es in dieser Uhr, was jetzt aufzuzählen zu weitläufig wäre ... Das alles wurde in der Pfalz zu Aachen vor dem Kaiser ausgebreitet* (Fränkische Reichsannalen zum Jahre 807).

Der Antrieb dieser Uhr entsprach jener der von Vitruv beschriebenen *Klepshydra*, dem System mit Wassertank, Schwimmer und Gegengewicht. Dass zur vollen Stunde oder zu einem anderen Zeitpunkt Figuren heraustraten und etwas akustisch anzeigten, hat im späten Mittelalter und der frühen Neuzeit viele Nachfolger gefunden. Ob am Prager Rathaus, am Berner Zeitglockenturm oder am Zimmerturm im belgischen Lier, immer sind für das zuschauende Publikum die nach Art des Marionettentheaters erscheinenden Figuren eine besondere Attraktion – sind doch die astronomischen Angaben dieser Uhren für den Laien meist unverständlich.

Großformatige Kalenderuhren schmückten die Fassaden von Toren, Türmen, Mauern und Palästen. Zu den Bauten Athens, welche die Zeiten nahezu unversehrt überstanden, gehört der

so genannte Turm der Winde nördlich der Akropolis; es handelt sich um einen Bau der Jahre um 50 v. Chr. Im Inneren, das leider ausgeraubt wurde, stand eine Wasseruhr nach Art der Uhren von Salzburg und Aachen, verbunden vielleicht mit einem Planetarium.

8,6 Die Wasseruhr, Geschenk Harun al-Raschids an Karl den Großen. Um 800 n. Chr. Rekonstruktion Alertz 2003.

Obelisken und Globen

Himmelsgloben wurden gerne auf Untersätze nach Dreifußvorbild gestellt, zur reinen Aufstel-

8,7 Globus vom Obelisken im Circus des Nero auf dem Vatikan, Rom. Bronze. Durchmesser 81 cm. Rom, Conservatorenpalast Inv. 1065.

lung wie auch drehbar zum Gebrauch. Die Zurichtung des Mainzer Globus ist so geschaffen, dass man ihn sich gut als oberen Aufsatz auf dem Dorn (Spina) eines Sonnenuhrzeigers (Gnomon) vorstellen kann (Abb. 8,9). Das runde Loch unten mit seinen 39 mm Durchmesser und das

8×8 mm messende quadratische Loch oben (vgl. Abb. 6,1) sorgen dafür, dass ein metallener Dorn den Globus gut festhalten kann. Man muss ihn dafür auch gar nicht anlöten. Mit dieser Aufstellung erweist sich der Mainzer Globus als Parallele zu zwei großen Bronzegloben auf Obelisken in Rom und zu einer Globusdarstellung aus dem 1. Jh. v. Chr.

Der Obelisk des Kaisers Nero im Circus auf dem vatikanischen Hügel (Abb. 8,8) steht jetzt auf dem Petersplatz in Rom. Seine Globusbekrönung ist eine 81 cm messende Bronzekugel (Abb. 8,7). Der Obelisk, welcher der großen Sonnenuhr des Augustus (vgl. Abb. 8,10) auf dem römischen Marsfeld westlich der Ara Pacis als Gnomon diente, steht heute mit neuer Bekrönung vor dem Parlament auf dem Montecitorio in Rom. Er trug im Altertum auf seiner Spina einen Bronzeglobus, mit dem er noch im 18. Jahrhundert abgebildet wurde. Dieser Globus ist mit einem Bronzeglobus von 74,15 cm Durchmesser im Conservatorenpalast identifiziert worden. An den beiden Globen vom Nerocircus und vom Augustusobelisken sind keinerlei Spuren von Himmelsbildern zu entdecken. Es handelt sich um vergoldete Bronze, die monochrom wirkte.

Einen Globus auf eine Säule oder einen Pfeiler zu setzen und ihn mit Hilfe eines Metalldornes zu fixieren, war keine Erfindung der Zeit des Augustus. Eine metallene Spina zeigt auch ein auf einem (niedrigen?) runden Pfeiler stehender Globus mit Meridianen und Parallelkreisen des Fresco aus Boscoreale am Vesuvabhang (vgl. Abb. 5,12). Die Darstellung ist deshalb so wichtig, weil die Wandmalereien dieser römischen Villa vom südlichen Vesuvabhang aus den Jahren 50–40 v. Chr. stammen, und uns deshalb Hinweise auf die Verhältnisse in der späten Republik unter hellenistischem Einfluss geben.

In der Siegespropaganda des Augustus nach dem Sieg von Actium 31 v. Chr. wurde deshalb so stark das ägyptische Element in den Vordergrund geschoben, weil man den Bürgerkriegscharakter des Krieges gegen Marcus Antonius und Kleopatra übertünchen wollte. Aus einem halben Bürgerkrieg wurde ein reiner Triumph über eine fremde und exotische Macht. Die zur Ausnahmefeindin hochstilisierte Kleopatra, die in der Tat seit Hannibal der gefährlichste Gegner Roms geworden war, erleichterte es, sich auf Ägypten zu konzentrieren. Es gehört zu den fesselnden Konsequenzen historischer Vorgänge, dass die Römer von Augustus an eine ganze Serie von Obelisken als Siegeszeichen nach Rom schafften, dass aber gleichzeitig Rom von hellenistisch-ägyptischen Einflüssen überschwemmt und gleichsam friedlich erobert wurde, allen voran von den Isismysterien, der Sarapisreligion und vor allem natürlich von der stark ägyptisch infizierten hellenistischen Astrologie.

In Rom stehen gut ein Dutzend antiker ägyptischer Obelisken noch heute aufrecht, und das sind viel mehr als in Ägypten selbst, das für Kleopatras Niederlage vom September 31 v. Chr. Jahrhunderte lang mit einem außerordentlichen Kunstraub Roms bestraft wurde. Die ägyptischen Obelisken, Sonnenzeichen zu Ehren des Sonnengottes Rē, sind so auffällig gestaltete stereometrische Menhire, steinerne Ausrufezeichen vor dem blauen Himmel Ägyptens, dass sie automatisch das Auge und die Begehrlichkeit der Eroberer auf sich zogen.

Solarium Augusti: Die Sonnenuhr des Augustus

Zu den unerschöpflichen Nachrichtenquellen aus dem Altertum gehört die Naturkunde (naturalis historia) des Plinius, eines römischen Aristokraten, der als Kavalleriepräfekt auch einmal eine Zeitlang in Xanten am Rhein Dienst tat, und der als Admiral der in Kap Misenum am Golf von Neapel stationierten Flotte im August 79 n. Chr. Kurs auf den ausbrechenden Vesuv nahm. Plinius fiel seiner wissenschaftlichen Wissbegierde zum Opfer und starb am Ufer von Stabiae unweit von Pompeji. Über die große Sonnenuhr des Kaisers Augustus in Rom sagt er: *Dem auf dem Marsfeld stehenden Obelisken gab der vergöttlichte Augustus eine bemerkenswerte Bestimmung, nämlich die Schatten der Sonne und auf diese Weise die Länge der Tage und Nächte anzuzeigen; er ließ entsprechend der Länge des Obelisken ein Steinpflaster in den Boden legen, dem der Schatten am Tag der Wintersonnenwende in der sechsten Stunde*

gleichkommen sollte und der allmählich nach den aus Erz eingelegten Streifen an den einzelnen Tagen abnahm und wieder länger wurde, eine Anlage, die wert ist, sie kennen zu lernen, ersonnen vom Scharfsinn des Mathematikers Novius Facundus. Dieser ließ an der Spitze eine vergoldete Kugel anbringen, in deren Scheitel sich der Schatten in sich selbst sammeln sollte, da ihn die Spitze sonst unregelmäßig ge-

8,8   Obelisk vom Circus des Nero auf dem Vatikan, Rom. Zeichnung des Zustandes vor seiner Verlegung auf den Petersplatz (1586) durch Pirro Ligorio, Antichità di Roma, 1553.

8,9   Der Mainzer Globus als Gnomonbekrönung einer privaten Sonnenuhr.

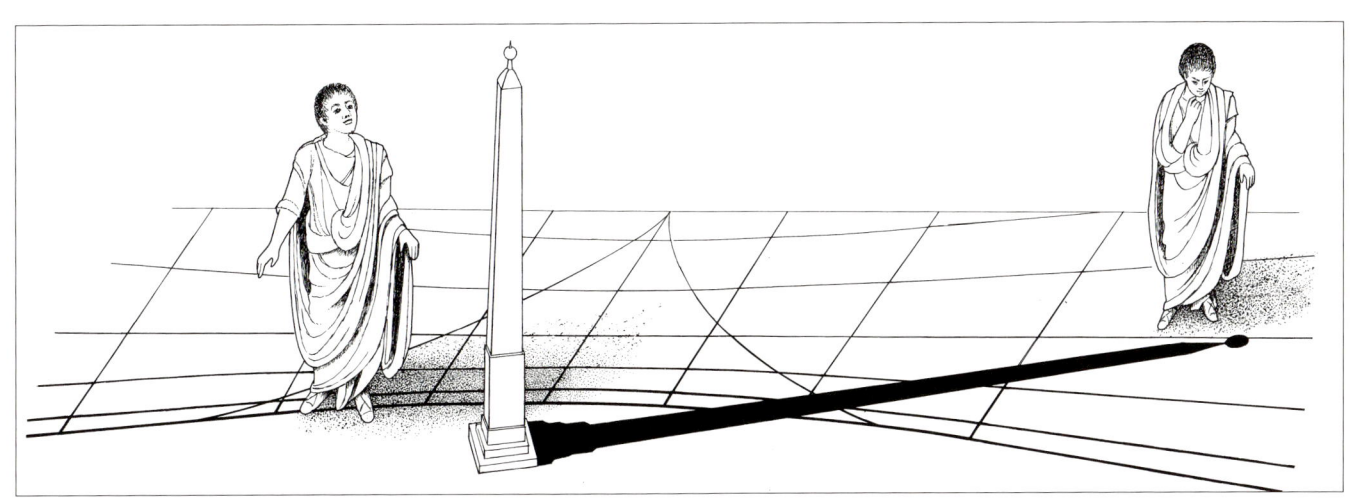

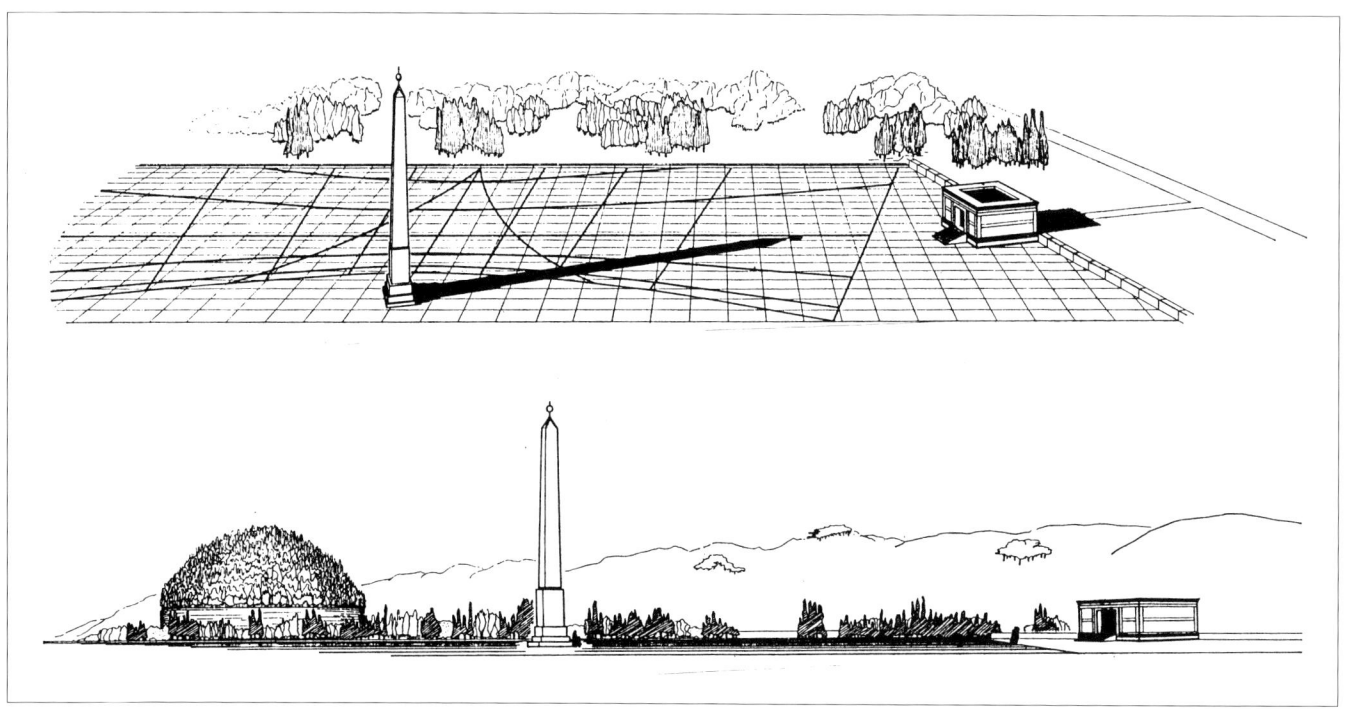

worfen hätte; auf diese Einrichtung soll er durch den Schatten vom Kopf eines Menschen gekommen sein (Plinius, nat. hist. 36, 72).

Man hat im nördlichen Marsfeld Roms Reste des Pflasters mit den Bronzeeinlassungen dieser gigantischen Sonnenuhr (Abb. 8,10) finden können, wenn auch nicht jene der Zeit des Augustus, sondern einer etwa hundert Jahre später erfolgten Neuverlegung, die nötig war, weil das Gelände sich durch die häufigen Tiberüberschwemmungen verändert hatte. Schon Plinius hatte angemerkt, dass vielleicht wegen der Geländeänderungen zu seiner Zeit die Anlage schon seit etwa 30 Jahren nicht mehr genau ginge. Die außerordentlichen Maße umfassen eine Länge von 56 m beim zentralen Meridian, während die Seitenlinien des schmetterlingsförmigen Liniensystems bis zu 172 m Distanz erreichten.

Der Obelisk der Augustussonnenuhr steht heute vor dem italienischen Parlament auf dem Montecitorio in Rom. Er hatte vielleicht in der originalen Montage eine Höhe von insgesamt 29,42 m, also etwa 100 Fuß. Das Verhältnis der Gesamthöhe zum 74,15 cm im Durchmesser großen Globus ist 39,7:1, der Globus ist also knapp ein Vierzigstel der Gesamthöhe. Beim 35,5 m hohen Obelisken aus dem Nerocircus auf dem Vatikan (vgl. Abb. 8,8) beträgt das Maß des 81 cm im Durchmesser großen Globus (vgl. Abb. 8,7) ein Vierundvierzigstel der Gesamthöhe. Die Anlage in Rom war außerdem keine Sonnenuhr im engeren Sinne des Anzeigens der Tagesstunden, sondern ein Meridian zur Bestim-

mung der exakten Mittagszeit und zur Angabe kalendarischer Daten.

Man kann eine ähnliche Montage wie am Solarium Augusti für den Mainzer Globus annehmen, mit zwei Möglichkeiten: Entweder man nimmt die Montage auf einem Sockel in privater Umgebung an, also eine Art Schreibtischsockelung, oder man denkt sich den Globus nach Art des stadtrömischen Vorbildes auf einem größeren Gnomon; dieser Lösung gebe ich den Vorzug, weil nicht auszuschließen ist, dass auch das Boscorealefresko (vgl. Abb. 5,12) einen Globus in der Öffentlichkeit abbildet.

Für den Mainzer Globus kann man an eine private Sonnenuhr in Form einer kleinen Ausgabe des Solarium Augusti denken, wobei der Globus wiederum auf der Gnomonspina gesessen hat (vgl. Abb. 8,9). In der Rekonstruktionsskizze hat man eine Gnomonhöhe von knapp 2 m angenommen, was immer noch einen Meridian von beträchtlichem Format ergäbe, beispielsweise auf dem Gelände der Villa einer reichen Familie in einer der Ostprovinzen des Römerreiches im späteren 2. Jahrhundert n. Chr.

Das Altertum kannte eine ganze Palette von Sonnenuhrvarianten: Kugel-, Hohlkugel-, Kegel- und Zylindersonnenuhren, ferner ebenso Sonnenuhren mit horizontaler oder vertikaler Schattenfläche. Eine Besonderheit sind die kleinen tragbaren Sonnenuhren; sie reichen von kitschigen Erfindungen wie einem kleinen silbernen Schinken aus Herculaneum bis zu kleinen Büchs-

chen und selbst Münzen als Träger des Liniensystems.

Römische Wochengötter
und Steckkalender

Ein Schulmerkspruch, den mein Sohn Marius
im November 2003 nach Hause brachte, lautete:

Mein **V**ater **E**rklärt **M**ir **J**eden **S**onntag **U**nsere
Neun **P**laneten.

Die Buchstabenfolge **MVEMJSUNP** ergibt die
neun Planeten unseres Sonnensystems in ihren
immer größeren Sonnenabständen:

Merkur, Venus, Erde, Mars, Jupiter, Saturn,
Uranus, Neptun und Pluto.

Im geozentrischen Kosmossystem der Antike
war die Erde im Zentrum des Alls von den antiken sieben Planeten umgeben: Mond, Merkur,

Venus, Sonne, Mars, Jupiter und Saturn (vgl.
Abb. 5,6). Diese sieben Himmelskörper sind
auch die antiken sieben Wochengötter. Ihre
Namen bestimmen die Wochentage bis heute.
Die antike römische Wochenzählung beginnt
mit Samstag, dem Tag Saturns. Es folgen Sonntag (Sol), Montag (Luna), Dienstag (Mars), Mittwoch (Merkur), Donnerstag (Jupiter) und Freitag
(Venus). In den großen romanischen und ger-
manischen Sprachen haben sich die Namen dieser Götter in lateinischer oder germanischer Version gehalten.

Die uns geläufige Siebentagewoche hat sich
im Altertum erst in der Römerzeit durchgesetzt.
Bei den Griechen finden sich Monatseinteilun-
gen in zehn Tagen (Dekaden). Die Römer der Republik kannten vor dem 1. Jh. v. Chr. eine Abfolge von drei Achttagewochen zwischen den
Nonen (5. oder 7. des Monats) bis zu den Kalen-

8,11 Wochengötter auf Steckkalender. Rekonstruktion
nach Fund in Rom. Terrakotta.
24 × 28,5 cm. 2. Jh. n. Chr.
Mainz, Römisch-Germanisches
Zentralmuseum 38348.

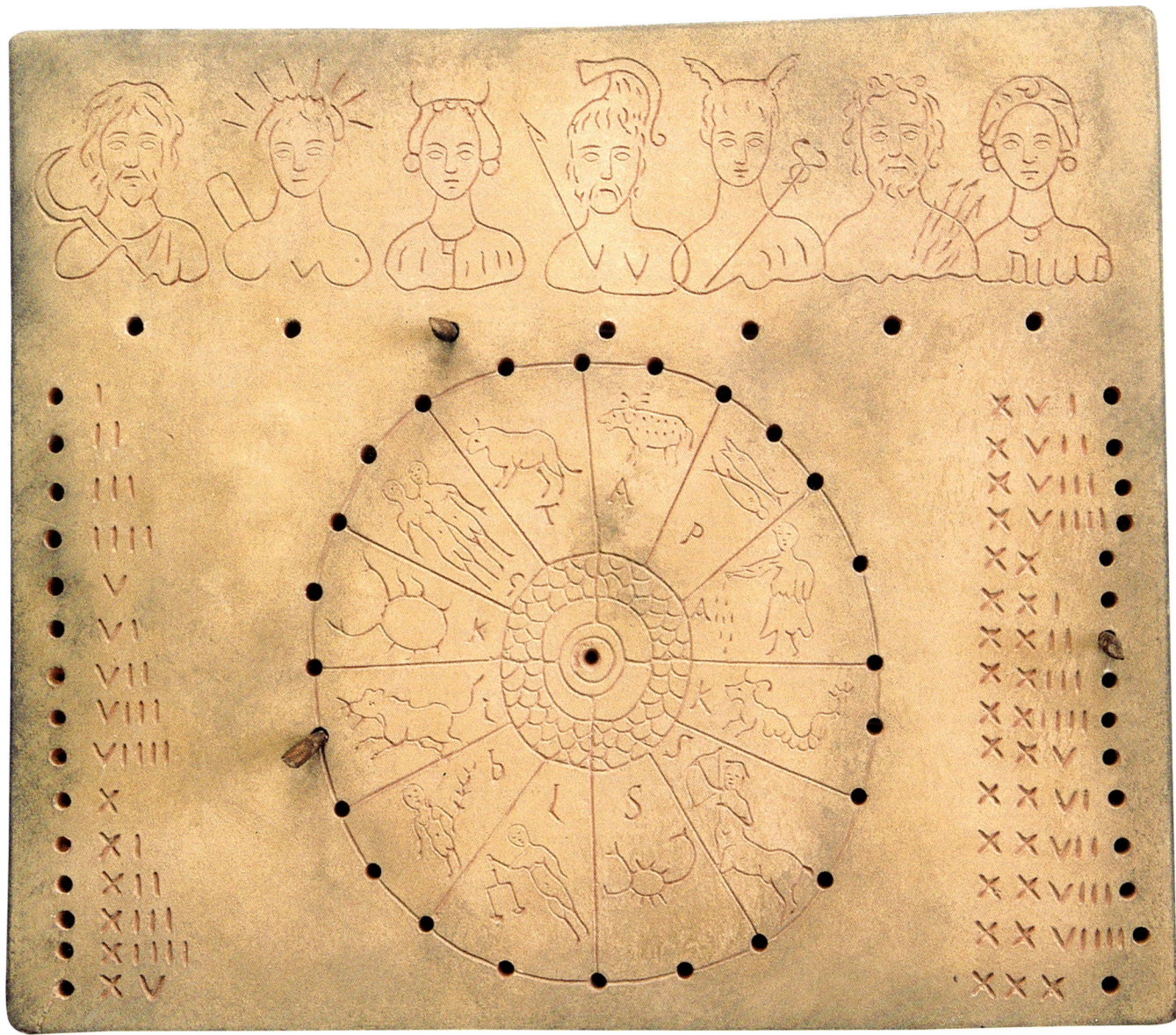

8,12 Der Kalenderapparat
von Antikythera, Griechenland.
Um 80 v. Chr. Originalteile im
Nationalmuseum Athen. Rekonstruktion, Plexiglas und Messing.
33 × 17 × 10 cm. Kassel, Museum für Astronomie und Technikgeschichte. Inv. MAT 1981–10.

den (Monatsanfang) des nächsten Monats; die Tage zwischen den Kalenden und den Nonen bleiben eine flexible Ausgleichszone.

Unabhängig von dieser Wocheneinteilung war die römische Tagesbezeichnung eine recht komplizierte Angelegenheit. Zwar sind die Kalenden des Mai (1. Mai) oder die Iden des März (15. März) prägnante Daten; aber schon die Vorstellung, die Verschwörer hätten Cäsar am 25. März und nicht an den Iden ermordet, hätte die Formulierung umständlich und uneinpräg-sam gemacht: *ante diem VIII Kalendas*.

Seit dem 1. Jh. v. Chr. setzte sich bei den Rö-mern die auch bei uns immer noch gültige Pla-netengötterwoche mit ihren sieben Tagen durch. Entscheidend war nicht, dass auch die Juden des Altertums die Siebentagewoche kann-ten, sondern dass die auf die Planeten ausge-richtete hellenistische Astrologie übermächtig wurde.

Die Römer haben sich der Einfachheit halber mit der Erfindung des immer gültigen Steckka-lenders beholfen. Nach einer Darstellung in Rom hat man einen solchen rekonstruiert (Abb. 8,11). Oben erscheint von links nach rechts die Reihe der sieben Wochengötter: Saturn mit der Sichel; Sol (der Sonnengott) mit dem Strahlenkranz und

dem Köcher Apollos, der ebenfalls die Sonne ver-körpert; Luna (der Mond) mit dem Halbmond im Haar; Mars mit Helm und Lanze; Merkur mit Heroldsstab und Flügelhut; Iuppiter mit dem Blitz; Venus mit Halsband und anderem Schmuck. Unten ist in Radform der Zodiacus ab-gebildet, beginnend oben mit Widder und Stier, das Ganze linksläufig. Rechts und links stehen die 30 Monatstage mit sauberer und klarer Nu-merierung.

Die Wochentage konnten mit einer Zahl und dem Tagesnamen markiert werden. Zugleich konnte man im Zodiacus den Anfang und das Ende eines Monats ebenso wie seinen Verlauf kennzeichnen. Die drei Stecker auf unserer Ab-bildung zeigen Montag, den 22. August an.

Kalender dieser Art wurden von den großen römischen Töpfereizentren in Rheinzabern in der Pfalz (südlich von Speyer) und in Trier her-gestellt. Sie waren ein großer Publikumserfolg. Vermutlich gab es solche Tischkalender auch in Holz, Elfenbein und anderem Material, doch ge-brannter Ton hält sich sehr gut, ist praktisch un-zerstörbar, und deshalb ist Keramik in der Ar-chäologie auch eine Hauptfundgruppe. Die Ele-mente dieser Kalender waren immer dieselben: Zodiacus als Monatszeichen, Planetengötter als

Wochentage und 30 Löcher für die Tage. Man brauchte dazu noch drei kleine Markierungszeichen – und fertig war der immer gültige Kalender.

Der Zahnradapparat von Antikythera

Vor der Südspitze Festlandgriechenlands liegt die Insel Kythera, die der Göttin Aphrodite/Venus geweihte Insel, weshalb die Alten die Liebe auch eine Reise nach Kythera nannten. Von Kythera aus liegt auf halbem Wege zur Westküste Kretas die kleine Insel Antikythera (*Gegenkythera*). Bei Antikythera fand man im Jahre 1900 ein mit Kunstgegenständen beladenes Schiffswrack, welches im 1. Jh. v. Chr. gesunken war. Neben vielen Statuen aus Bronze und Marmor barg man auch kleinere Objekte, darunter einen verrosteten Klumpen, den man im Jahre 1902 präparierte und der sich als eine Ansammlung von Bronzeplatten mit Zahlen und Namen sowie von über 30 Zahnrädchen entpuppte.

In der Rekonstruktion (Abb. 8,12) erscheint die Maschine als zierliches Paket in der Form eines großen Buches. Drei Zifferblätter waren vorhanden. Das Frontzifferblatt zeigte zwei Rundskalen, die innere mit den Zodiacuszeichen, die äußere mit den Monatsnamen beschriftet. Damit war es möglich, beispielsweise den Sonnenstand im Tierkreis einzustellen und die Positionen der Sterne zu diesem Zeitpunkt abzulesen. Der Mittelteil der Maschine enthielt das Antriebswerk mit seinem Zahnradsystem, welches vermutlich seitlich durch eine mit der Hand drehbare Antriebswelle bewegt wurde.

Auf der hinteren Platte befanden sich zwei übereinander stehende Zifferblätter, die getrennt durch Herausziehen der ganzen Platte sichtbar gemacht werden konnten. Jedes Zifferblatt enthielt mehrere Skalen (vier oben, drei unten). Das obere Zifferblatt war ein Planetarium zum Bestimmen der Auf- und Untergänge der fünf Planeten Merkur, Venus, Mars, Jupiter und Saturn; das untere Zifferblatt zeigte die Mondphasen an. Das Zahnradwerk von Antikythera war eine astronomische Uhr. Es liegt nahe, dabei an das Planetarium des Archimedes (+ 212 v. Chr.) zu denken: *Denn indem Archimedes die Bewegung des Mondes, der Sonne und der fünf Planeten in einem Planetarium zusammenfügte, bewirkte er dasselbe wie jener Gott Platons ... (Cicero, Tusculanae disputationes I 63).* Ob freilich des Archimedes Planetarium wie der Apparat von Antikythera arithmetisch aufgebaut war oder ob er nicht eines der damals geläufigeren geometrischen Planetarien war, muss unentschieden bleiben. Der Fund von Antikythera ist jedenfalls bislang das beste astronomische Präzisionsinstrument aus dem Altertum.

9 Der Kaiser mit dem Himmelsglobus

Der Capricorn des Augustus

Der Capricornus (Steinbock) war ein Symbol, bei dem in den Jahren der beginnenden römischen Kaiserzeit jeder Betrachter sofort an den neuen Regenten, Kaiser Augustus (31 v. Chr.–14 n. Chr.), dachte. Man verstand ihn als Nativitätsgestirn, als Geburtssternzeichen des Kaisers, und so hat man ihn auch auf vielen Denkmälern zitiert. Die höfische sog. Gemma Augustea (vgl. Abb. 1,16) ist ein besonders schönes Beispiel.

Nun ist Augustus, der als junger Mann Octavianus hieß, im September und nicht im Januar geboren. Man hat deshalb manchmal den Capricorn als Zeugungszeichen des Kaisers verstanden, weil zwischen Jahresanfang und dem September die neun Monate erfüllt wären. Mit dem Capricorn ist freilich wohl nicht das Zeugungszeichen des Augustus gemeint: Des Augustus Geburt war vorjulianisch gerechnet im Dezember (also im Capricorn) und verschob sich durch die julianische Kalenderreform in den September.

Von den Zodiacuszeichen war neben dem Widder, dem Stier und dem Löwe vor allem der Capricorn auch als besonders häufiges Legionszeichen (Totemzeichen) des römischen Militärs zu finden: Ihn trugen die 1., 2., 14., 21., 22. und 30. Legion, die in Britannien, Deutschland, Österreich, Ungarn und Serbien lagen. In Deutschland war die 22. Legion (*legio XXII Primigenia pia fidelis*) in Mainz stationiert. Den Capricorn findet man deshalb auf Steininschriften, Reliefs, Waffen und Ziegeln in und um Mainz herum. Seine Beliebtheit bei der Armee hing natürlich mit der Person des Monarchiegründers Augustus zusammen.

Die Siegespropaganda des Augustus

Am 2. September 31 v. Chr. fand bei Actium im Golf von Ambrakia an der westlichen Küste Griechenlands die entscheidende Schlacht zwischen Octavianus und der ägyptischen Königin Kleopatra sowie ihrem Gefährten Marcus Antonius statt. Der Westen Roms kämpfte gegen seine eigenen Ostprovinzen und gegen den letzten großen freien hellenistischen Staat, Ägypten.

Der Sieg von Actium machte Octavianus (ab 27 v. Chr. Augustus betitelt) zum Herrn der Welt. Ägypten wurde römische Provinz, die Legionen des Marcus Antonius wurden dem Gesamtheer eingegliedert.

Die Hauptstadt Rom erlebte in den Jahren nach dem Actiumsieg die Genese einer neuen römischen Siegespropaganda. Ägypten hatte man besiegt, nicht die eigenen Ostlegionen, so suggerierten es die vielen maritimen Motive dem rö-

9,1 Augustus mit dem Himmelsglobus und Venus mit Victoria. Silberbecher von Boscoreale am Vesuvabhang. Heutiger Zustand sehr beschädigt. H. der Reliefzone etwas unter 10 cm. Paris, Louvre.

mischen Betrachter. Besonders auffällig war die Montage erbeuteter ägyptischer Schiffsschnäbel an einer zweiten Rednertribüne auf dem Forum in Rom. Aber auch ganz allgemein lässt sich sehen, dass die stadtrömische Kunst nun von einer Fülle maritimer Motive überschwemmt wird, die sich meist als Anspielung auf den Seesieg von Actium deuten lassen.

Jegliche Anspielung auf den Bürgerkriegscharakter, den der Krieg gegen Marcus Antonius und Kleopatra doch auch hatte, sollte vermieden werden. Als Medium diente der Himmelsglobus. Er wird das neue Zeichen der universalen Weltherrschaft, ja der Herrschaft über die Hemisphären des Himmels. Ein in Boscoreale am Vesuvabhang gefundener Silberbecher zeigt Augustus thronend in der Mitte mehrerer Götter, so als wäre er Iuppiter (Abb. 9,1). Venus, die Schutzgöttin des Geschlechtes der Iulier, zu dem Augustus als Caesars Adoptivsohn zählte, reicht dem Kaiser eine kleine Figur der Victoria. Der Kaiser hält schon den Himmelsglobus in der Hand, und die Szene sieht fast so aus, als wollten Venus und Augustus die Victoria auf den Globus setzen, so das bekannte Motiv schaffend.

Victoria auf dem Himmelsglobus

Der in der Kunst der römischen Kaiserzeit oft variierte Typus der Victoria auf dem Globus bezieht sich auf eine hellenistische Nikestatue aus Tarent, die Octavianus zur Feier des Sieges von Actium im Jahre 29 v. Chr. in der Curia auf dem Forum Romanum aufstellen ließ.

Diese Schöpfung der auf dem Universum stehenden Siegesgöttin war als ausgewähltes Kunstwerk ein Meisterstück der politischen Berater des Octavianus-Augustus. Schon die Aufstellung dieser Statue in der Curia auf dem römischen Forum, in welcher der Senat tagte, war politisch sehr subtil gedacht. Augustus behielt in der neuen Staatsform pro forma alle Organe der Republik bei; vor allem der Senat musste dabei in das neue System integriert werden. Der Sieg von Actium war schließlich nur teilweise ein Sieg über die ägyptische Flotte; er war auch ein Sieg über die römischen Legionen des Marcus Antonius. Das bedeutete, dass jegliche Bürgerkriegsanspielung vermieden werden musste. Mit der Siegesgöttin auf dem Himmelsglobus wurde Roms Primat in den Himmel gehoben; jegliche Erinnerung, dass bei Actium auch Römer besiegt worden waren, verblasste vor diesem ungeheuren Bild einer Siegesgöttin, die auf dem Universum steht.

9,2 Münze mit Darstellung der Victoria auf dem Globus. Denar des Octavian (Augustus). Caesar Divi filius. Nach 31 v. Chr.

Das Bild wurde erst durch Augustus populär; es ist aber bemerkenswert, dass es eine Schöpfung der frühhellenistischen Zeit war, aus dem frühen 3. Jh. v. Chr. Die Zeit Alexanders des Großen und seiner unmittelbaren Nachfolger kannten also schon dieselben Ideen.

Die Victoria auf dem Globus in der römischen Curia ist nicht erhalten. Hiervon haben wir aber bereits durch Münzen der Zeit des Augustus eine gute Vorstellung (Abb. 9,2). Manche Statuen der Folgezeit zitieren dieses Motiv. Aus Calvatone, Prov. Cremona/Norditalien stammt eine früher in Berlin aufbewahrte bronzene Victoriastatue, deren Inschrift sie als Stiftung zu Ehren der siegreichen Kaiser Antoninus Pius und Lucius Verus (Mitte des 2. Jhs. n. Chr.) erweist (Abb. 9,3).

Das Motiv hat die Zeiten überdauert. Wer mit offenen Augen durch Europas Metropolen geht, wird es bald wieder finden, beispielsweise auf Säulen beiderseits der Eingänge zum Kunsthistorischen wie Naturhistorischen Museum in Wien (Abb. 9,4).

Der Himmelsglobus als Universalsymbol

Römische Münzen, Reliefs und Gemälde zeigen oft einen kleinen Globus, den zwei schräg sich kreuzende Linien charakterisieren (Abb. 9,5). In diesen so genannten Kreuzbandgloben war immer ein Himmelsglobus zu erkennen, wobei man die zwei Linien als Himmelsäquator und Zodiacus verstehen darf. Diese Form war so verbreitet, dass sie selbst dann auf Reliefs erscheint, auf denen genug Platz gewesen wäre, den Himmelsglobus mit mehr Einzelheiten darzustellen.

9,3 Victoria von Calvatone,
Prov. Cremona/Norditalien.
Bronze. H. 170 cm. Ehem.
Berlin, Staatliche Museen Sk 5
(Beschr. 5). Seit 1945 ver-
schollen. Kopie in Rom, Museo
della civiltà romana.

Auf dem Globus unter dem Commodus im Conservatorenpalast erscheinen von links nach rechts: Stier, Steinbock (Capricorn) und Skorpion. Alle drei Zeichen sind nach rechts orientiert, was für den Steinbock der normalen Erscheinungsform am Himmel entspricht, für die beiden anderen der den Globen eigenen seitenverkehrten Darstellung. Die in der Reihenfolge außerdem sichtbare Umkehrung der Abfolge von Skorpion und Capricorn muss keine tieferen Gründe haben. Nicht jeder Künstler verstand etwas von der Zodiacusabfolge; wer weiß, ob der kleine Fehler bei der Übergabe des Kunstwerkes überhaupt jemandem aufgefallen ist. Auch in den modernen Trivialhoroskopen der Tagespresse findet man unter den Tierkreiszeichen eine kunterbunte Mischung von Orientierungen.

9,4 (links) Victoria auf Globus. Säulenstatuen beiderseits der Eingänge der Naturhistorischen und Kunsthistorischen Museen Wien. Spätes 19. Jh.

9,5 (unten) ‚Kreuzbandglobus'. Himmelsglobus mit abgekürzter Andeutung von Äquator und Ekliptik. Mithrasaltar aus Köln. Sandstein. 3. Jh. n. Chr. Köln, Römisch-Germanisches Museum Inv. 69,74.

Den Himmelsglobus als Symbol der Kosmokratie zeigen Münzen von Augustus bis zur Spätantike an in allen Variationen; wegen des kleinen Formats erscheint der Globus undifferenziert oder eben in Kreuzbandform. Als Attribut der römischen Kaiserikonographie ist der Himmelsglobus das Symbol der universellen Herrschaft über Raum und Zeit; er begegnet uns auf Kaiserdenkmälern von der Zeit des Augustus an, und er überdauert als Symbol in Byzanz wie im christlichen europäischen Mittelalter das Ende des Römerreiches; der Reichsapfel unter den Kaiserinsignien des Heiligen Römischen Reiches der Deutschen im Mittelalter ist der Himmelsglobus der römischen Kaiser.

Kaiser Commodus (180–192) kehrte die Himmelskugelsymbolik des Atlas um; nicht Atlas und stellvertretend für ihn Herakles (Hercules) tragen die Himmelskugel auf den Schultern. Eine mächtige Büste des Commodus-Hercules balanciert nun auf einem filigranen Gebilde aus zwei Amazonen zu Seiten einer Himmelskugel, zweier Füllhörner und eines Amazonenschildes. Die immerwährende Siegespropaganda benutzt das Amazonenmotiv, welches bei den Griechen die siegreichen Kämpfe der Heroen Herakles und Theseus kennzeichnete. Die Füllhörner versprechen ewigen Reichtum, und der Himmelsglobus unten im Zentrum der Komposition verkleinert das Weltall zu einem kleinen Schmuckmotiv im Rahmen dieser Kaiserverherrlichung (Abb. 9,6).

9,6 Commodus auf Himmelsglobus. Zodiacus und stilisierter
Sternenhimmel. Aus Rom, Es-
quilin/I. Marmor. Gesamthöhe
1,18 m. Rom, Conservatorenpalast Inv. 1120.

Spätantike und Byzanz: Ein omajjadisches Wüstenschloss

Der historische Zufall fügte es, dass nach dem exotischen Himmelsbild aus dem ägyptischen Dendera (vgl. Abb. 6,16) erst 700 Jahre später wieder ein halbwegs komplettes Bild des Sternenhimmels genannt werden kann, und auch diesmal ein Monument aus einem recht exzentrischen Milieu. Die um 712–715 datierte Kuppeldeckenmalerei aus dem Caldarium (Warmbad) des Omajjadenschlosses Qusayr 'Amra in Jordanien (Abb. 10,1) ist der bislang einzige nennenswerte Beleg aus der Wandmalerei. Das Fresko zeigt ein Himmelsbild in antiker Tradition, wobei die Sternbilder, soweit erhalten, eine zeitliche Vermittlerrolle zwischen den antiken Komplexen des Globus Farnese und des Mainzer Globus einerseits und den mittelalterlichen Planisphären andererseits einnehmen.

Das sicher von einem byzantinischen Maler geschaffene Deckenbild ist lange vor der im 10. Jh. beginnenden großen Astronomie der Araber entstanden; es ist eigentlich ein Denkmal der Spätantike. Der Zodiacus ist als getönter, exzentrisch liegender Ring kenntlich. Die einzelnen Tierkreisbilder sind ohne Trennlinien in der von der Erde aus gesehenen richtigen Ansicht abgebildet: Der Löwe schreitet also nach rechts und nicht wie auf dem Mainzer Globus (vgl. Abb. 5,10) nach links.

Wie die späteren mittelalterlichen Planisphären gehen solche Malereien auf antike illustrierte Ausgaben astronomischer Bücher zurück. Es ist kaum anzunehmen, dass ein Maler in der arabischen Wüste 60 km östlich von Amman anders die Ikonographie der antiken Sternbilder hätte lernen können. Der Maler gab die Sternbilder außerhalb des Zodiacus in der seitenverkehrten Globusansicht wieder, was bei einem Gemälde im konkaven Kuppelraum besonders auffällt. Sein Vorbild kann deshalb ein bemalter Globus gewesen sein. Vielleicht gab es aber auch bereits in der Spätantike Manuskripte wie jene des Abd ar-Rahman as-Sufi (Isfahan; 903–986), der die Sternbilder parallel in den Ansichten „wie am Himmel" und „wie auf der Kugel" vorführt.

Das Efeublatt als Teil der Locke der Berenike am Schwanzende des Löwen ist beispielsweise hier zu sehen, während es an den antiken Löwenbildern fehlt. Als Teil der Coma Berenices wird es aber von Ptolemaeus, Synt. 7,5 erwähnt, was beweist, dass der Künstler der Omajjadenzeit Darstellungen kannte, die direkt auf den Ptolemaeustext Bezug nahmen.

Einige andere Bilder lassen sich nicht genau aus der antiken Tradition erklären. So hat man beim Schiff (Navis Argo) mit seinem Dreieckssegel den Eindruck, dass es lokale Bootsformen zi-

10,1 Qusayr 'Amra, omajjadisches Wüstenschloss östlich von Amman/Jordanien. Planisphäre. Deckengemälde in der Kuppel des Bades. 712–715 n. Chr. Aquarell Wien, Staatsbibliothek.

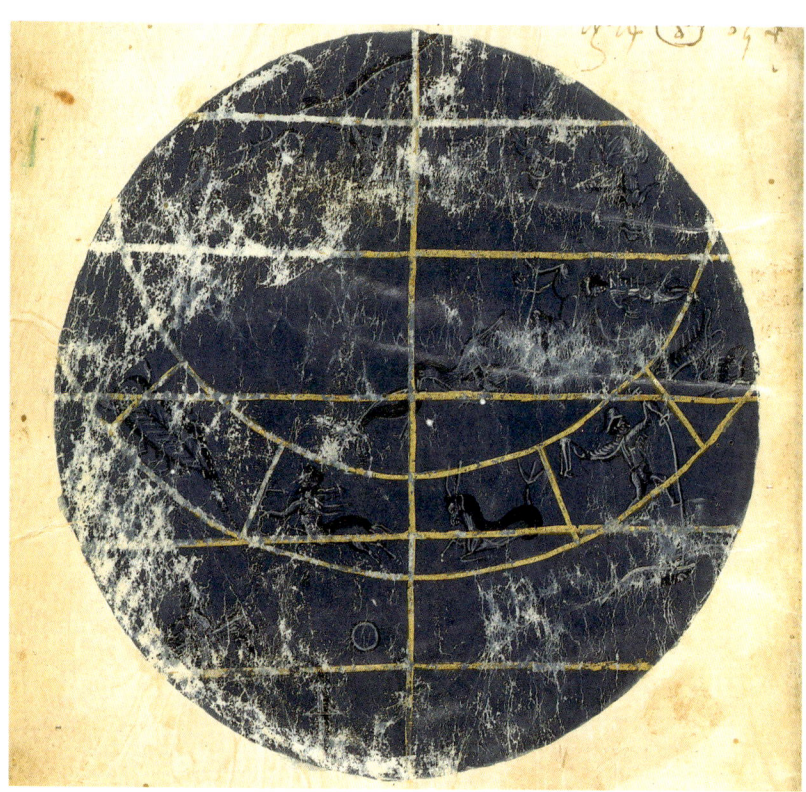

10,2   Zwei Hemisphären.
Codex Vaticanus graecus 1291
(fol. 2v. 4v.). 813–820. Rom,
Vatikan, Biblioteca Apostolica
Vaticana.

tierte, die man ansonsten auf antiken Himmelsbildern und wohl auch im antiken realen Leben
nicht kannte (zum Schiff s. u.).

Handschriften des Mittelalters: Hemisphären und Planisphären

Die schönste erhaltene Planisphäre der älteren
Kaiserzeit ist die leider fragmentierte Bronzescheibe einer römischen Kalenderuhr des 2. Jhs.
n. Chr. aus Salzburg (vgl. Abb. 8,4–8,5). Das Fragment ist außerdem die älteste westliche Planisphäre im Römerreich, waren doch die übrigen
Belege wie die Planisphäre von Dendera (vgl.
Abb. 6,16) östlichen Ursprungs.

Die erhaltenen Hemisphären und Planisphären sind ansonsten nachantik, kommen vor
allem aus der frühmittelalterlichen und mittelalterlichen Buchillustration. Nach der Deckenmalerei des Omajjadenschlosses Qusayr 'Amra
in Jordanien (vgl. Abb. 10,1) finden sich die
wichtigsten nachantiken Darstellungen von Planisphären und Hemisphären in den zwei griechischen illustrierten Handschriften der Vati-
kanbibliothek. Nur Hemisphären enthält der
frühe byzantinische Codex Vaticanus graecus
1291 aus den Jahren 813–820 (Abb. 10,2), eine
Ausgabe des Ptolemaeus, deren Ikonographie
sich nicht mit dem exzellenten karolingischen
Codex Vossianus (vgl. Abb. 10,9 und 10,11) mes-

10,3 Planisphäre. Codex Bononiensis 188 (fol. 20r). 10/11. Jh. Boulogne-sur-Mer, Bibliothèque Municipale.

sen kann. Detaillierter ist die späte astronomische Sammelhandschrift des Codex Vaticanus graec. 1087 aus dem 15. Jh. (vgl. Abb. 10,6), der schon öfter zitiert wurde.

Umfangreicher ist die Reihe der illustrierten lateinischen Handschriften, wobei der Schwerpunkt auf den lateinischen Aratosübersetzungen von Cicero (1. Jh. v. Chr.), Germanicus (frühes 1. Jh. n. Chr.) und Avienus (4. Jh.) liegt.

Die Reihe beginnt mit der um 800, also zur Zeit der Kaiserkrönung Karls des Großen, entstandenen Sternkarte in der Basler Germanicushandschrift im Codex Basiliensis A.N. IV 18 (fol. 1). – Nur wenige Jahre später entstand um 818 der Codex Monacensis lat. 210 (fol. 113v) mit seiner Planisphäre (vgl. Abb. 8,3). – Der Londoner Codex Harleianus 647 aus dem 9. Jh. (Abb. 10,4) enthält Teile von Ciceros Aratosübersetzung, danach Auszüge aus Macrobius und an-

dere astronomische Texte. Dem aus dem 9. Jh. stammenden Codex hat im 11. Jh. der Mönch Geruvigus auf Blatt 21v. die Sternkarte mit seiner Unterschrift hinzugefügt. – Die Planisphäre im Codex Berolinensis Phillippicus 1830 (fol. 11–12) aus dem 9. Jh., einer Germanicushandschrift der Berliner Staatsbibliothek, gehört zu den reichsten figürlichen Darstellungen des Sternenhimmels.

Aus dem 10. bis 11. Jh. stammt der Codex Bononiensis 188 (fol. 20r), eine Handschrift der Avienusübersetzung des Aratos in der Stadtbibliothek von Boulogne-sur-Mer in Frankreich (Abb. 10,3). – Der Codex Bernensis 88 (fol. 11v) aus der Zeit vor 1029 (vgl. Abb. 8,2) in der Berner Burgerbibliothek ist ein Germanicustext und gilt als Tochterhandschrift des großen karolingischen Codex Vossianus in Leiden. – In mancher Hinsicht eigenwillig ist der Codex Aberystwyth

in der National Library of Wales Ms. 735C (fol. 10v) aus dem 11. Jh. (Abb. 10,5) Auch er ist eine Germanicushandschrift.

Hemisphären enthalten der Codex Sangallensis 250 (fol. 462) aus dem 9. Jh. (Gesamtbild eines Globus und zwei Hemisphären; es ist eine astronomische Sammelhandschrift in der St. Gallener Stiftsbibliothek), der Codex Parisinus lat. nouv. acq. 1614 (fol. 81v) aus dem 9. Jh. (Paris, Nationalbibliothek) sowie der Codex Vat. graec. 1087 aus dem 15. Jh.

Leider fehlt gerade am besonders wichtigen Leidener Aratus (Codex Vossianus lat. Q 79) eine Planisphäre, doch geben auch die erhaltenen Himmelsbilder eine Vorstellung von den antiken Planisphären, die kopiert werden (die Hemisphärenbilder spielten wohl schon im Altertum eine geringere Rolle). Das wichtigste Problem ist die Datierung der Vorbilder der mittelalterlichen Handschriften. Man dachte im Allgemeinen an die Spätantike des 4. und 5. Jhs., doch blieben freilich immer Zweifel, welche älteren Teile darin verborgen sein könnten. Der Mainzer Globus hat nun ein weiteres Element ins Spiel gebracht, eine ikonographisch komplette Abbildung des Sternenhimmels, der mit den einzelnen Planisphären und Hemisphären verglichen werden kann. Es besteht nun neben dem Neapler Globus Farnese eine weitere und in den Details aufschlussreichere Version der bildlichen Darstellung des kaiserzeitlichen Sternenhimmels. Im ikonographischen Kapitel (s. o.) ist deshalb auch öfter auf diese mittelalterlichen Bilder Bezug genommen worden.

10,5 Planisphäre. Codex Aberystwyth. Aberystwyth, National Library of Wales Ms. 735C (fol. 10v). 11. Jh.

Gemini und Navis Argo: Sternbildikonographie über ein Jahrtausend

Die Gemini (Zwillinge) erscheinen auf dem Mainzer Globus (vgl. Abb. 6,6 Nr. 3) als zwei nackte Jünglinge, die sich umarmen. Die Gruppe entspricht damit jenen antiken Auffassungen der Gemini, welche sie als Castor und Pollux, die Dioskuren (Söhne des Zeus-Iuppiter) sahen.

Die Gemini gehören zusammen mit Aquarius, Centaurus, Sagittarius, Perseus, Ophiuchus, Orion und Engonasin zu jenen Sternbildern auf dem Mainzer Globus, die ganz oder schräg von hinten abgebildet sind. Damit wird dem Orientierungscharakter der antiken Himmelsgloben Rechnung getragen. Die Darstellung der beiden nackten Jünglinge, die sich hier an den Dioskuren (freilich ohne ihre Piloi, die Filzkappen der Seeleute) orientiert, konnte im Altertum verschiedenen mythischen Gestalten angeglichen werden.

Auf der Salzburger Kalenderuhrscheibe (vgl. Abb. 8,4–8,5) ist der eine noch erhaltene Zwilling als Hercules aufgefasst, man muss also den zweiten als Apollo ergänzen. Im Tempelschatz von Marengo (Alessandria/Italien) erscheinen die Gemini ebenfalls als Hercules mit der Keule und Apollo mit der Leier (Abb.10,8). Die Gemini als Hercules und Apollo sind durch alexandrinische Münzen der Zeit des Antoninus Pius bezeugt. Auch auf der Tabula Bianchini im Louvre finden sich die Gemini als Hercules mit der Keule und Apollo mit der Kithara. Dasselbe gilt

10,6 Planisphäre. Codex Vaticanus graecus 1087 (fol. 310v). 15. Jh. Rom, Vatikan, Biblioteca Apostolica Vaticana.

für das Marmorrelief Daressy (vgl. Abb. 1,8). In der Tat sind die genannten Zeugnisse alle in das 2. Jh. n. Chr. (Marengo, Salzburg, Münzen aus Alexandrien) oder ungefähr in diese Zeit (Tabula Bianchini, Relief Daressy) zu datieren, der vermutete Einfluss des Claudius Ptolemaeus ist deshalb nicht unwahrscheinlich. Nun sind auch Hercules und Apollo Söhne des Iuppiter, wenn auch keine Zwillinge wie die Ledasöhne Castor und Pollux (griech. Kastor und Polydeukes).

Auf den mittelalterlichen Planisphären sind die Gemini im Codex Vaticanus graec. 1087 (Abb. 10,6) vielleicht auch noch auf das Paar Apollo-Hercules zu beziehen; sie sind von vorne gesehen, der linke stützt sich auf einen Rest einer Kithara, der andere auf eine Art dünnen Stecken, in dem der Rest der Keule zu verstehen ist. Diese Deutung empfiehlt sich auch deswegen, weil die Darstellung des Zodiacus derselben Handschrift (als Ring um Sonne und Mond) die Gemini deut-

lich als Hercules und Apollo zeigt. Deutlich ist die Keule am linken Zwilling des Codex Harleianus 647 (vgl. Abb. 10,4) zu sehen, wobei in diesem Falle sein Gefährte ein Objekt hält, das auf den ersten Blick wie eine Lanze aussieht. Da der Schaft der Waffe aber sehr kurz ist und auch unten keine Beschädigung erkennbar ist, muss es ein Pfeil sein, was wieder Apollo kennzeichnet. Die Gemini mit Keule (erkennbar, aber fast wie ein Hirtenstab geformt) des Codex Bernensis 88 (vgl. Abb. 8,2) gehen ebenso wie die Darstellung des Codex Bononiensis 188 (vgl. Abb. 10,3), auf dem ebenfalls die Keule erkennbar ist, die Kithara aber nicht (gleichfalls wie am Codex Bernensis 88) auf das Vorbild des Leidener Codex Vossianus lat. 79 zurück: Dort tragen die Gemini zwar die Filzkappe der Dioskuren, die freilich nun statt eines Sternes wie im Altertum ein Kreuz bekrönt. Zugleich aber hat der Künstler mit der Zither (Kithara) den einen als Apollo und mit der Keule den anderen als Hercules be-zeichnet (Abb. 10,9).

Die Hercules-Apollo-Tradition der Gemini, seit dem 2. Jh. n. Chr. nachweisbar und beson-ders mit Ägypten verbunden, erweist sich also als sehr langlebig. Angesichts der zitierten Pla-nisphären mittelalterlicher Handschriften ist es verständlich, wenn uns das Motiv auch auf dem Sternenmantel Kaiser Heinrichs II. begegnet (nach 1014; Abb. 10,10). Dort sind die Zwillinge wohl auch als Apollo und Hercules aufgefasst; Apollo links zieht einen Pfeil aus dem Köcher, Hercules rechts legt die Hand an die Keule.

Navis Argo, das Schiff des Südens, wird in der Regel als Halbschiff dargestellt, ähnlich wie die Halbfiguren von Stier und Pegasus. Es ist am Mainzer Globus (vgl. Abb. 6,6 Nr. 33) von dem des Atlas Farnese (vgl. Abb. 6,7) sehr verschie-den. Während dort ein frühkaiserzeitliches

Halbschiff mit Mast, zwei Steuerrudern und gro-ßer Heckzier (Aphlaston) zu sehen ist, ist das Schiff des Mainzer Globus als Halbschiff mit Tierkopf am Heck gekennzeichnet, welcher über das Deck nach vorne schauen soll (in der Per-spektive nicht ganz gelungen).

Das Schiff ist ein Ruderschiff mit zwei breiten Rudern hinten, das auf Deck noch einige Ob-jekte aufweist, von denen das Gebilde direkt neben dem Heck wie ein Haus mit Giebel aus-sieht (Kapitänskajüte), während die gebogenen Objekte wohl Schilde darstellen. Die Stange in der Mitte deutet wohl einen sehr rudimentären Mast an. Diesen Ruderschifftypus kennt man bisher aus den Nordwestprovinzen des Römer-reiches, wenn auch nur aus Darstellungen wie dem bekannten Weinschiff von einem Grab-denkmal des frühen 3. Jhs. n. Chr. aus Neuma-gen an der Mosel im Landesmuseum Trier.

10,7 Albrecht Dürer, Nord-hemisphäre, 1515. Wien, Öster-reichische Nationalbibliothek.

10,8   Hercules und Apollo als Zwillinge (Gemini). Silberapplike aus einem Tempelschatz. 2. Jh. n. Chr. Aus Marengo, Alessandria/Italien. H. 17 cm. Turin, Museo di Antichità.

Von den mittelalterlichen Bildern überliefern die meisten in mehr oder weniger großer Vereinfachung den frühkaiserzeitlichen Schiffstyp auf dem Globus des Atlas Farnese, also ohne Ruder und mit einer Heckzier. Freilich weist der Codex Vaticanus graec. 1087 (vgl. Abb. 10,6) wieder sowohl die Ruder wie auch das Haus auf dem Deck auf. Er ist zwar spät (15. Jh.), doch hat er uns bereits manches interessante ikonographische Detail geliefert. Dass diese Version nicht allein steht, zeigt das Ruderschiff dieses Typs des Hemisphärenbildes im Codex Sangallensis 250 aus dem 9. Jh. Das Schiff als Ruderschiff des Typs Neumagen zeigt auch schon der ebenfalls aus dem 9. Jh. stammende Codex Vossianus lat. 79 (Abb. 10,11), die Überlieferung hielt sich also über lange Zeit. Die Hyginushandschrift des 9. Jhs. in Dresden, Codex Dresdensis Dc. 183 fol. 13 zeigt ebenfalls das Schiff im Typus des Neumagener Kriegsschiffs dargestellt, wenn auch vereinfacht ohne Ruder, aber mit den beiden Steuerrudern. Die Darstellung des Bernensis 88 (Abb. 10,12) folgt dem Vorbild des Codex Vossianus. – Die Schiffe des Atlas Farnese und des Globus in Mainz geben demnach fundamental

10,9   Die Zwillinge (Gemini) als Mischung von Hercules und Apollo mit den Dioskuren Castor und Pollux. Codex Vossianus Q 79 fol. 16v. Um 840 n. Chr. Leiden, Universiteitsbibliotheek.

unterschiedliche Quellen wieder, auch weil zwischen dem frühkaiserzeitlichen Atlas Farnese und dem Mainzer Globus gut 150 Jahre liegen.

Der Sternenmantel: Von Alexander dem Großen bis Kaiser Heinrich II.

Eine Spezialform der antiken Himmelsdarstellung ist der Sternenmantel. Ihn treffen wir in der römischen Kaiserzeit nach Vorbildern des Hellenismus (Alexander der Große, Demetrios Poliorketes) in Form der *toga picta* des Triumphators, der sternenbestickten Purpurtoga. Die Tradition dieses Gewandes über Byzanz zu den Karolingern und den deutschen Kaisern des Mittelalters ist schwierig in den Einzelheiten zu definieren, da kaum Darstellungen vorhanden sind.

Wie der Sternenmantel Alexanders des Großen aussah, wissen wir in den Einzelheiten nicht. Der an Mithrasdarstellungen ebenfalls kenntliche Sternenmantel mag freilich einen Hinweis darauf geben: Auf dem Mithrasbild von Marino bei Rom (Abb. 10,13) hat der Maler dem Sternenhimmel im gebauschten Mithrasmantel ganz

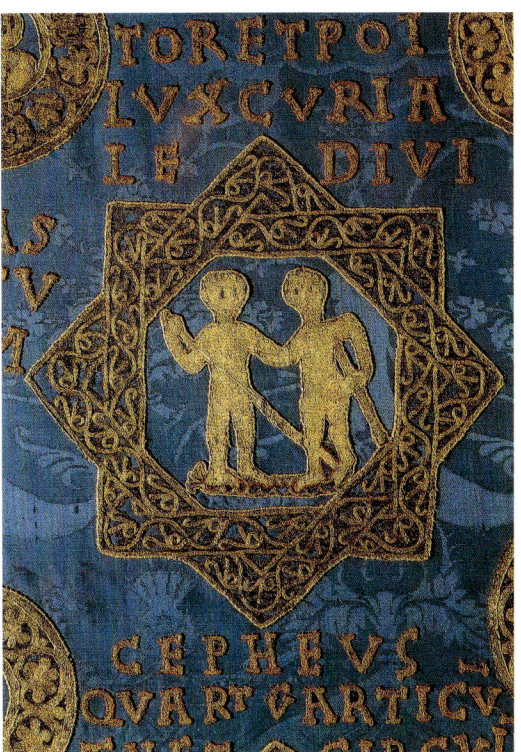

10,10 Zwillinge (Gemini) auf dem Sternenmantel Kaiser Heinrichs II. Goldstickerei auf blauem Seidendamast des 15. Jhs. (ehem. auf dunkelpurner Seide). Bald nach 1014. Bamberg, Domschatz, Diözesanmuseum.

10,11 Sternbild Schiff (Navis Argo). Codex Vossianus lat. Q 79 fol. 64. Um 840 n. Chr. Leiden, Universiteitsbibliotheek.

10,12 Sternbild Schiff (Navis Argo). Codex Bernensis 88–7r. Vor 1029.

10,13 Mithras mit dem Sternenmantel. Malerei im Mithrasheiligtum von Marino in den Albanerbergen bei Rom. Br. 3,40 m. 3. Jh. n. Chr.

diskret einige Züge gegeben, die an einen Globus erinnern; die Bogenfalten in der Mitte wirken wie eine Andeutung der Ekliptik.

Ein Nachfolger dieser kosmokratischen Vorstellungen ist der Sternenmantel Heinrichs II., Kaiser des Deutschen Reiches (Abb. 10,14). Der Mantel entstand nach 1014, seine Sternbilder und Inschriften waren ehemals auf dunkelpurpurner Seide angebracht; die toga picta des römischen Triumphators wurde in christlichem Sinne weitergeführt. Auch am Heinrichmantel sind die Sternbilder, ähnlich wie am Mantel des Gallus im Kalender von 354, nicht in Form von stilisierten kleinen Sternen, sondern in Form ornamentaler Rahmen mit Figuralfüllung gegeben. Die Ikonographie der Sternbilder folgt antiker Tradition, die Einfügung zweier Hemisphärenbilder zeigt, dass sich die Goldstickerei am Man-

tel des Kaisers direkt an astronomischen Handschriften orientierte.

Der Mantel Heinrichs II. steht nicht allein. Ein Himmelsmantel wird für Kaiser Otto III. überliefert, und auch Hugo Capet, der seit 987 König von Frankreich war, besaß einen Mantel dieser Art, den seine Witwe dem Kloster Saint-Denis schenkte. So sind die Himmelsmäntel mittelalterlicher Herrscher wie die bunten Illustrationen der gleichzeitigen Prachtbücher antiker Astronomen ein sehr eindrucksvolles Zeugnis dafür, dass antike Himmelskunde im mittelalterlichen Europa weiterlebte. Heinrich, deutscher König und römischer Kaiser, trug das Himmelszelt um die Schultern, wie Makedoniens Alexander, wie des Orients Lichtgott Mithras und wie die Triumphatoren Roms.

10,14 Sternenmantel Kaiser Heinrichs II. Christus in der Mandorla, weitere christliche Figuren, Sternzeichen und lateinische Inschriften. Goldstickerei auf blauem Seidendamast des 15. Jhs. (ehem. auf dunkelpurpurner Seide). Bald nach 1014. H. 1,54 m; Dm. 2,97 m. Bamberg, Domschatz, Diözesanmuseum.

Objekte in ausgewählten Museen

Der Leser findet hier Hinweise auf den Aussstellungsort der wichtigsten in diesem Buch abgebildeten Werke. Die Liste ist deshalb nach den Abbildungen angeordnet. Handschriften sind nicht erwähnt, da sie in der Regel in den großen Bibliotheken vor Licht geschützt verwahrt werden. Bei allen Museen empfiehlt sich die vorherige Anfrage.

Abb. 1,9
Astrologisches Würfelbrett.
Saint-Germain-en-Laye, Yvelines/F
Musée des antiquités nationales
Château, pl. Charles-de-Gaulle
F – 78105 Saint-Germain-en-Laye
Tel.: ++33–1–39 10 13 00
Fax: ++33–1–34 51 73 93
www.culture.fr/culture/man/man1.htm
Öffnungszeiten: Mittwoch bis Montag
9.00–17.00. Dienstag geschlossen.

Abb. 1,11
Astrologischer Würfel.
Genf/CH
Ville de Genève
Musée d'Art et d'Histoire
2, rue Charles-Galland
CH – 1211 Genève
Tel. ++41–22–418–26 00
Fax ++41–22–418–26 01
www.ville-ge-ch/musee
mah@ville-ge-ch
Öffnungszeiten: Dienstag bis Sonntag
10.00–17.00. Montag geschlossen.

Abb. 1,12
Magische Gemme.
Mainz, Rheinland-Pfalz/D
Römisch-Germanisches Zentralmuseum Mainz
Kurfürstliches Schloss
D – 55116 Mainz
Tel.: ++49–6131–91 24–0
Fax: ++49–6131–9 12 41 99
info@rgzm.de
Öffnungszeiten: Dienstag bis Sonntag
10.00–18.00. Montag geschlossen. An Fastnacht (Fasching, Karneval) von Fastnachtssonntag über den Rosenmontag bis Fastnachtsdienstag geschlossen.

Abb. 1,14
Zauberglobus aus dem Athener Dionysostheater.
Athen/GR
Ethnikon Mouseion Archaiologikon
Archäologisches Nationalmuseum
Patission 44
GR – 10682 Athen
Tel. ++30–1–8 21 77 17, 8 21 77 24
Fax ++30–1–8 21 35 73
protocol@eam.culture.gr
www.culture.gr/2/21/214/21405m/
e21405m1.html
Öffnungszeiten: Montag 12.30–19.00.
Dienstag bis Sonntag 8.00– 19.00.

Abb. 1,16
Gemma Augustea.
Wien/A
Kunsthistorisches Museum, Antikensammlung
Maria Theresien-Platz
A – 1010 Wien
Tel. ++43–1–52 52 44 30
Fax ++43–1–52 52 45 31
info.as@khm.at
www.khm.at
Öffnungszeiten: Bis 2005 wegen Neuordnung geschlossen. – Die im gleichen Haus untergebrachte Gemäldegalerie: Dienstag bis Sonntag 10.00–18.00, Donnerstag bis 21.00. Montag geschlossen.

Abb. 1,17
Tiberius.
Mainz, Rheinland-Pfalz/D
Römisch-Germanisches Zentralmuseum Mainz
Museum für antike Schifffahrt
Neutorstr. 2
D – 55116 Mainz
Tel.: ++49–6131–28 66 30
Fax: ++49–6131–2 86 63 24
info@mufas.de
Öffnungszeiten: Dienstag bis Sonntag 10.00–18.00. Montag geschlossen. An Fastnacht (Fasching, Karneval) von Fastnachtssonntag über den Rosenmontag bis Fastnachtsdienstag geschlossen.

Abb. 3,1

Lascaux, Dordogne/F.

Die 1940 entdeckte Höhle wurde 1963 aus konservatorischen Gründen geschlossen. In Montignac-Lascaux, ca. 200 m von der Höhle entfernt, sind Teile des Monuments in Kopie zu besichtigen. Informationen unter www.culture.gouv.fr/culture/arcnat/lascaux/fr/

Abb. 3,3

Stonehenge, Wessex/GB.
Megalithsteinkreise.

Öffnungszeiten: Ganzjährig. Geschlossen am 24.–26. Dezember sowie am 1. Januar. Geöffnet maximal von 9.00–19.00 (Juni, Juli, August) und minimal von 9.30–16.00 (Januar bis März; Oktober bis Dezember).
Weitere Informationen unter www.stonehenge–avebury.net

Abb. 3,6

Avebury, Wessex/GB. Megalithsteinkreise.

Das Monument ist immer zugänglich. Keiller Museum mit Objekten aus Avebury und Umgebung.
Öffnungszeiten: 10.00–18.00 vom 1. April bis zum 31. Oktober. Von 10.00–16.00 vom 1. November bis zum 31. März. Geschlossen 24.–26. Dezember sowie am 1. Januar.
Weitere Informationen unter www.stonehenge–avebury.net

Abb. 3,7

Menhir „Gollenstein" bei Blieskastel,
Saarland/D.

Der Menhir ist in einer Entfernung von ca. 1 km vom Rand Blieskastels offen zugänglich. Hinweisschilde im Ort vorhanden. Anreise mit dem Auto empfiehlt sich. Vom Parkplatz aus in 10 Minuten zu Fuß erreichbar.
www.blieskastel.de/geschich/gollen.htm

Abb. 3,8

Megalithgrab von Newgrange/Irland.

Das Grab ist nur für geführte Gruppen zugänglich. Besucher wenden sich an das Brú na Bóinne Visitors Centre, am Südufer des Boyne beim Dorf Donore, Co. Meat, gelegen. Das Grab besuchen jährlich angeblich gut 200 000 Menschen.
www.knowth.com/newgrange.htm

Abb. 3,9

Der Sonnenwagen von Trundholm.

Kopie Römisch-Germanisches Zentralmuseum Mainz. S. unter Abb. 1,12.

Abb. 3,10

Goldhut von Schifferstadt.
Speyer, Rheinland-Pfalz/D.
Historisches Museum der Pfalz

Domplatz
D – 67324 Speyer
Tel. ++49–6232–1 32 50
Fax ++40–6232–62 02 23
info@museum.speyer.de
www.museum.speyer.de
Öffnungszeiten: Dienstag bis Sonntag 10.00–18.00. Montag geschlossen. Am 1. November und am 24. Dezember geschlossen.

Abb. 3,11

Goldkegel von Ezelsdorf.
Nürnberg, Bayern/D
Germanisches Nationalmuseum

Kartäusergasse 1
D – 90402 Nürnberg
Tel. ++49–911–1 33 10
Fax ++49–911–1 33 12 00
Öffnungszeiten: Dienstag bis Sonntag 10.00–18.00, am Mittwoch bis 21.00. Montag geschlossen; am Faschingsdienstag sowie am 24., 25. und 31. 12. geschlossen. Weitere Sonderöffnungszeiten unter www.gnm.de
info@gnm.de

Abb. 3,12

Die Himmelsscheibe von Nebra, Sachsen–
Anhalt.
Halle/Saale, Landesmuseum für
Vorgeschichte

Richard–Wagner–Str. 9
D – 06114 Halle/Saale
Tel. ++49–345–52 47 30
Fax ++49–345–5 24 73 51
Öffnungszeiten: Dienstag bis Freitag 9.00–17.00. Samstag und Sonntag 10.00–18.00. Montag geschlossen.
www.landesmuseum-fuer-vorgeschichte-halle.de
poststelle@lfa.mk.sachsen-anhalt.de

Abb. 3,13 und 3,14
Die Externsteine bei Horn-Bad Meinberg,
Lippe, Nordrhein-Westfalen/D
Die Anlage ist ganzjährig geöffnet. Eintritt not-
wendig.
Einzelheiten unter www.horn-bad-
meinberg.de/attraktionen/Externsteine

Abb. 4,8
Deckenmalerei im Grab des Pharao Sethos I.
Ägypten, Tal der Könige.
Informationen im Internet unter Valley of the
Kings oder unter
www.thebanmappingproject.com

Abb. 4,10
Schild des Achilleus mit vier Sternen.
Berlin/D
Staatliche Museen, Antikenmuseum
Bodestr. 1–3
D – 10178 Berlin
Am Kupfergraben (Eingang Pergamonmuseum)
Altes Museum (Eingang Lustgarten)
Tel.: ++49–30–20 90 52 01
Fax: ++49–30–20 90 52 02
ant@smb.spk-berlin.de
www.smb.spk-berlin.de
Öffnungszeiten: Dienstag bis Sonntag
10.00–18.00; Donnerstag bis 22.00.
Montags geschlossen.

Abb. 5,1
Alexander der Große aus Pergamon.
Istanbul/TR
Arkeoloji Müzeler
Osman Hamdu Bey Yokusu
TR – Sultanahmet, Istanbul.
Tel. ++90–212–5 20 77 40
www.virtualistanbul.com
Öffnungszeiten: Dienstag bis Sonntag
9.30–17.00. Montag geschlossen.

Abb. 5,7
Mithräum von Heidelberg-Neuenheim.
Heidelberg, Baden-Württemberg/D
Kurpfälzisches Museum
Hauptstr. 97
D – 69117 Heidelberg
Tel. ++49–6221–58 34 56
Fax ++49–6221–58 34 90
www.Heidelberg.de
kurpfaelzischesmuseum@heidelberg.de
Öffnungszeiten: Dienstag bis Sonntag
10.00–18.00. Montag geschlossen

Abb. 5,8
Mithraskultbild aus der Gegend von
Sterzing.
Innsbruck/A
Universität, Institut für Klassische und
Provinzialrömische Archäologie
Innrain 52
A – 6020 Innsbruck
Tel. ++43–512–5 07 42 71
Fax ++43–512–5 07 29 89
www.uibk.ac.at
klass-archaeologie@uibk.ac.at
Öffnungszeiten nach Vereinbarung.

Abb. 5,11
Germanicus im Leinenpanzer.
Wien, Kunsthistorisches Museum.
S. unter Abb. 1,16.

Abb. 6,1–6,2
Himmelsglobus. Mainz, Römisch-Germani-
sches Zentralmuseum.
S. unter Abb. 1,12.

Abb. 6,3
Atlas Farnese. Neapel/I
Museo Archeologico Nazionale
Piazza Museo 19
I – 80135 Napoli
Tel.: ++390–81–44 01 66
Fax: ++390–81–44 00 13
sanc@interbusiness.it
www.marketplace.it/museo.nazionale/
Öffnungszeiten: Mittwoch bis Samstag sowie
Montag 9.00–14.00. Sonn- und Feiertage
9.00–13.00. Dienstag geschlossen.

Abb. 6,4
Globus des Atlas Farnese.
Rom/I
Museo della civiltà romana
Piazza Agnelli 10
I – 00144 Roma
Tel.: ++390–6–5 92 61 35
www.comune.roma.it/cultura/italiano/
musei-spazi-espositivi/musei/museo-civilta-
romana/informazioni/index.htm
Öffnungszeiten: Dienstag bis Samstag
9.00–19.00, Sonn- und Feiertage 9.00–14.00.
Montag geschlossen.

Abb. 6,13
Holzsarkophag des Petemenophis.
Paris/F
Musée du Louvre
31–34 quai du Louvre
F – 75058 Paris Cedex 01
www.louvre.fr
info@louvre.fr
Öffnungszeiten: Mittwoch bis Montag
9.00–18.00 (Montag und Mittwoch bis 21.45).
Dienstag geschlossen. Feiertage s. unter
www.louvre.fr

Abb. 6,16
Planisphäre von Dendera. Paris, Louvre.
S. unter Abb. 6,13.

Abb. 7,5
Himmelsglobus Berlin,
Staatliche Museen, Antikensammlung.
S. unter Abb. 4,10.

Abb. 7,7
Himmelsglobus
Stuttgart, Baden-Württemberg/D
Württembergisches Landesmuseum
Altes Schloß
D – 70173 Stuttgart
Tel. ++49–711–27 90
Fax ++49–711–2 79 34 99
www.landesmuseum-stuttgart.de
info@landesmuseum-stuttgart.de
Öffnungszeiten: Dienstag bis Sonntag
10.00–17.00. Montag geschlossen.

Abb. 7,8
Himmelsglobus Vatikan.
Rom, Vatikanische Museen
Sala dei Busti
Viale Vaticano
I – 00120 Città del Vaticano
www.vatican.va
Öffnungszeiten: 8.45–14.00.
Ruhetage: Sonntags, mit Ausnahme des letz-
ten Sonntags im Monat, wenn er nicht auf
Ostern, den 29. Juni (St. Peter und Paul), oder
den 25./26. Dezember (Weihnachten oder
Stephanstag/zweiter Weihnachtstag) fällt. Zu
anderen Feiertagen s. unter www.vatican.va.
Die jeweils geschlossenen Museumsabteilun-
gen werden am Eingang angezeigt. Der Zugang
zu den Museen wird nur angemessen gekleide-
ten Besuchern gestattet.

Abb. 7,9
Himmelsglobus, islamisch.
Florenz/I
Istituto e Museo di Storia della Scienza
Piazza dei Giudici, 1
I – 50122 Firenze
Tel. ++39–055–26 53 11
Fax ++39–055–2 65 31 30
www.imss.fi.it
info@ims.fi.it
Öffnungszeiten: Sommer (Juni bis September):
Montag, Mittwoch, Donnerstag und Freitag
9.30–17.00. Dienstag und Samstag 9.30–13.00.
Sonntag geschlossen. – Winter (Oktober bis
Mai): Montag, Mittwoch bis Samstag
9.30–17.00. Dienstag 9.30–13.00. Sonntag
geschlossen. Zu den verschiedenen Feiertagen
s. unter www.imss.fi.it

Abb. 8,4
Kalenderuhr aus Salzburg. Rekonstruktion
Mainz, Römisch-Germanisches Zentral-
museum.
S. unter Abb. 1,12.

Abb. 8,7
Globus vom Obelisken im Circus des Nero.
Rom/I
Musei Capitolini
Conservatorenpalast
Piazza del Campidoglio 1
I – 00186 Roma
Tel.: ++39–06–67 10 24 75
Fax: ++39–06–6 78 54 88
www.museicapitolini.org/it
info.museicapitolini@comune.roma.it
Öffnungszeiten: Dienstag bis Sonntag
9.00–20.00. Montag geschlossen. 1. Januar,
1. Mai und 25. Dezember geschlossen.

Abb. 8,11
Wochengötter auf Steckkalender.
Mainz, Römisch-Germanisches Zentral-
museum.
S. unter Abb. 1,12.

Abb. 8,12
Der Kalenderapparat von Antikythera,
Griechenland.
Kassel, Hessen/D
Museum für Astronomie und Technik-
geschichte mit Planetarium.
Karlsaue 20 c
D – 34121 Kassel
Tel. ++49–561–70 13 20
Fax ++49–561–70 13 211
Öffnungszeiten: Dienstag bis Sonntag
10.00–17.00. Montag geschlossen. Weihnach-
ten und Silvester sowie am Tag vor Christi
Himmelfahrt geschlossen.
www.museum-kassel.de
info@museum-kassel.de

Abb. 9,1
Silberbecher von Boscoreale.
Paris, Louvre.
S. unter Abb. 6,13.

Abb. 9,5
Kreuzbandglobus auf Mithrasaltar
aus Köln.
Köln, Nordrhein-Westfalen/D
Römisch-Germanisches Museum
Roncalliplatz 4
D – 50667 Köln
Tel.: ++49–221–2 21 44
Fax: ++49–221–2 21 40 30
www.museenkoeln.de/rgm/
Öffnungszeiten: Dienstag bis Sonntag
10.00–19.00. Montag geschlossen. Geschlossen
an Weihnachten, Silvester, Neujahr und über
Karneval.

Abb. 9,6
Commodus Rom,
Conservatorenpalast.
S. unter Abb. 8,7.

Abb. 10,8
Hercules und Apollo als Zwillinge
(Gemini).
Turin/I
Museo di Antichità
Via XX Settembre 88a
I – 10124 Torino
Tel. ++39–11–5 21 11 06
Fax ++39–11–5 21 31 45
www.museoantichita.it
info@museoarcheologico.it
Öffnungszeiten: Dienstag bis Sonntag
8.30–19.30. Montag geschlossen. 1. Januar
und 25. Dezember geschlossen.

Abb. 10,10 und 10,14
Sternenmantel Kaiser Heinrichs II.
Bamberg, Bayern/D
Domschatz, Diözesanmuseum
Domplatz 5
D – 96049 Bamberg
Tel. ++49–951– 502–325
Fax ++49–951– 502–320
www.bamberg.info
Öffnungszeiten: Dienstag bis Sonntag
10.00–17.00. Montag geschlossen. 1. Januar,
Faschingsdienstag, Karfreitag, 24.–26. Dezem-
ber und Silvester geschlossen.

Kurze Bibliographie

Innerhalb der einzelnen Inhaltsgruppen werden die Autoren in chronologischer Folge angeführt.

Mehrfach zitierte Überblickswerke:

Thiele 1898 (Himmelsbilder):
Georg Thiele: Antike Himmelsbilder. Mit Forschungen zu Hipparchos, Aratos und seinen Fortsetzern und Beiträgen zur Kunstgeschichte des Sternenhimmels (Berlin 1898).

Schlachter / Gisinger 1927 (Globus):
Alois Schlachter u. Friedrich Gisinger: Der Globus. Seine Entstehung und Verwendung in der Antike nach den literarischen Quellen und den Darstellungen in der Kunst. Stoicheia 8 (Leipzig-Berlin 1927).

van der Waerden 1988 (Astronomie):
Bartel L. van der Waerden: Die Astronomie der Griechen. Eine Einführung (Darmstadt 1988).

Ekschmitt 1989 (Weltmodelle):
Werner Ekschmitt: Weltmodelle. Griechische Kosmologie von Thales bis Ptolemäus. Kulturgeschichte der antiken Welt 43 (Mainz 1989).

Gundel 1992 (Zodiakos):
Hans Georg Gundel: Zodiakos. Tierkreisbilder im Altertum. Kosmische Bezüge und Jenseitsvorstellungen im antiken Aberglauben. Kulturgeschichte der antiken Welt 54 (Mainz 1992).

Stückelberger 1994 (Fachbuch):
Alfred Stückelberger: Bild und Wort. Das illustrierte Fachbuch in der antiken Naturwissenschaft, Medizin und Technik. Kulturgeschichte der antiken Welt 62 (Mainz 1994).

Künzl 2000 (Himmelsglobus):
Ernst Künzl: Ein römischer Himmelsglobus der mittleren Kaiserzeit. Studien zur römischen Astralikonographie. Mit Beiträgen von Maiken Fecht und Susanne Greiff. Jahrb. des Römisch-Germanischen Zentralmuseums Mainz 47, 2000 (2003) 496–594.

Kap. 1:

Wilhelm Gundel: Sterne und Sternbilder im Glauben des Altertums und der Neuzeit (Bonn u. Leipzig 1922).

Franz Boll, unter Mitwirkung von C. Bezold: Sternglaube und Sterndeutung. Die Geschichte und das Wesen der Astrologie. 3. Auflage nach der Verfasser Tod hrsg. von Wilhelm Gundel (Leipzig 1926; 7. Aufl. Darmstadt 1977).

Wilhelm Gundel: Sternglaube, Sternreligion und Sternorakel. 2. Aufl. (Heidelberg 1959).

Otto Neugebauer/H. B. van Hoesen: Greek Horoscopes. Memoirs of the American Philosophical Society 48 (Philadelphia 1959).

Eric M. Moormann/Miguel John Versluys: The Nemrud Dağı Project: first interim report. Bulletin Antieke Beschaving 77, 2002, 73–111; hier 97–100 (Löwenhoroskop vom Nemrud Dağı).

Frances Sakoian/Louis S. Acker: Das große Lehrbuch der Astrologie. Wie man Horoskope stellt und nach neuesten wissenschaftlichen Erkenntnissen Charakter und Schicksal deutet (München-Zürich 1979).

Wolfgang Hübner: Die Eigenschaften der Tierkreiszeichen in der Antike. Ihre Darstellung und Verwendung unter besonderer Berücksichtigung des Manilius. Sudhoffs Archiv, Beih. 22 (Wiesbaden 1982).

August Strobel: Weltenjahr, große Konjunktion und Messiasstern. Ein themageschichtlicher Überblick. In: Aufstieg und Niedergang der römischen Welt II 20.2 (Berlin-New York 1987) 988–1187.

Wolfgang Hübner: Die Begriffe „Astrologie" und „Astronomie" in der Antike. Wortgeschichte und Wissenschaftssystematik zu einer Hypothese zum Terminus „Quadrivium". Abhandl. Akad. Mainz 1989, 7 (Mainz 1989).

Johannes Koch: Neue Untersuchungen zur Topographie des babylonischen Fixsternhimmels (Wiesbaden 1989): Zum Halleyschen Kometen 42–154.

Gundel 1992 (Zodiakos).

J.– H. Abry (Hrsg.): Les tablettes astrologiques de Grand <Vosges> et l'astrologie en Gaule romaine. Actes de la Table-Ronde du 18 mars 1992 ... Université Lyon III. Collection du Centre d'Études Romaines et Gallo-Romaines N.S. 12 (Paris 1993).

Marie Theres Fögen: Die Enteignung der Wahrsager. Studien zum kaiserlichen Wissensmonopol in der Spätantike (Frankfurt am Main 1993).

Kocku von Stuckrad: Geschichte der Astrologie von den Anfängen bis zur Gegenwart (München 2003).

Kap. 2:

R. Schurig/P. Götz, Himmelsatlas (Tabulae caelestes). 8. Aufl. hrsg. von Karl Schaifers (Mannheim 1960).

Hans Joachim Störig: Knaurs Buch der modernen Astronomie (München-Zürich 1972).

Joachim Herrmann: dtv-Atlas zur Astronomie. Tafeln und Texte (München 1973).

Günter D. Roth: Sterne + Planeten. Sterne erkennen – Sterne beobachten. BLV Himmelsführer (München-Bern-Wien 1975).

Richard-Heinrich Giese: Einführung in die Astronomie (Darmstadt 1981).

Meyers Handbuch Weltall. 7. völlig neu bearbeitete und erweiterte Auflage von Joachim Krautter und Erwin Sedlmayr sowie Karl Schaifers und Gerhard Traving (Mannheim-Leipzig-Wien-Zürich 1994).

Eckhard Slawik/Uwe Reichert: Atlas der Sternbilder. Ein astronomischer Wegweiser in Photographien (Heidelberg-Berlin 1998).

Heinz Haber: Die Sterne. Neu bearbeitet von Erich Übelacker. Was ist was 6 (Nürnberg 2001). (Für jugendliche Leser).

Kap. 3:

Allgemein:

Friedrich Kuhn/Michael Kuhn: Prähistorische Mathematik und Astronomie. Schriftreihe für Vermessung im Altertum 3 (Ottobeuren 1968).

Rolf Müller: Der Himmel über dem Menschen der Steinzeit (Berlin usw. 1970).

John Michell: A Little History of Astro-archaeology. Stages in the Transformation of a Heresy (London 1977).

Edwin C. Krupp (Hrsg.): Astronomen, Priester, Pyramiden. Das Abenteuer Archäoastronomie (München 1980).

Manuela Fano Santi (Hrsg.): Archeologia e astronomia. Supplemento 9 alla Rivista di Archeologia (Roma 1991).

Wolfhard Schlosser/Jan Cierny: Sterne und Steine. Eine praktische Astronomie der Vorzeit (Darmstadt 1996).

Alex Gibson/Derek Simpson (Hrsg.): Prehistoric Ritual and Religion. Essays in Honour of Aubrey Burl (Stroud 1998).

Altsteinzeit:

Michael A. Rappenglück: Eine Himmelskarte aus der Eiszeit? Ein Beitrag zur Urgeschichte der Himmelskunde und zur paläoastronomischen Methodik, aufgezeigt am Beispiel der Szene in Le Puits, Grotte de Lascaux (Com. Montignac, Dép. Dordogne, Rég. Aquitaine, France) (Frankfurt am Main-Berlin-Bern-Bruxelles-New York 1999).

Jungsteinzeit, Megalithkulturen:

R. J. Atkinson: Stonehenge (London 1956).

R. J. Atkinson: Stonehenge and Avebury and neighbouring monuments (London 1959).

A. Thom/A. S. Thom: Megalithic Rings. British Archaeological Reports, British Series 81 (Oxford 1980).

Volker Bialas: Astronomie und Glaubensvorstellungen in der Megalithkultur. Zur Kritik der Archäoastronomie. Bayerische Akademie der Wissenschaften, mathematisch-naturwissenschaftliche Klasse, Abh. Neue Folge 166 (München 1988).

Aubrey Burl: From Carnac to Callanish. The pre-historic stone rows and avenues of Britain, Ireland and Brittany (New Haven usw. 1993).

Alex Gibson: Stonehenge & Timber Circles (Stroud 1998).

Aubrey Burl: Great Stone Circles. Fables, fictions, facts (New Haven-London 1999).

Clive Ruggles: Astronomy in Prehistoric Britain and Ireland (New Haven usw. 1999).

Jan Mende: Magische Steine. Führer zu archäologischen Sehenswürdigkeiten in Mecklenburg-Vorpommern (Stuttgart 2002).

Bronzezeit:

Peter Schauer: Die Goldblechkegel der Bronzezeit. Ein Beitrag zur Kulturverbindung zwischen Orient und Mitteleuropa. Monographien Röm.-German. Zentralmuseum 8 (Bonn 1986).

Wilfried Menghin: Goldene Kalenderhüte – Manifestationen bronzezeitlicher Kalenderwerke. In: Gold und Kult der Bronzezeit. Germanisches Nationalmuseum, Nürnberg, 22. Mai bis 7. September 2003 (Nürnberg 2003) 220–237.

Himmelsscheibe von Nebra:

Harald Meller (Hrsg.), Der geschmiedete Himmel. Die weite Welt im Herzen Europas vor 2600 Jahren (Stuttgart 2004).

Kelten:

Annemarie Bernecker: Der gallorömische Tempelkalender von Coligny (Bonn 1998).

Miranda J. Green: Die Druiden (Augsburg 2000).

Germanen:

Otto S. Reuter: Germanische Himmelskunde. Untersuchungen zur Geschichte des Geistes (München 1934).

Externsteine:

Wilhelm Teuth: Germanische Heiligtümer. Beiträge zur Aufdeckung der Vorgeschichte, ausgehend von den Externsteinen, den Lippequellen und der Teutoburg. 4. Aufl. (Jena 1936).

Julius Andree: Die Externsteine. Eine germanische Kultstätte (Münster 1936).

Johannes Mundhenk: Forschungen zur Geschichte der Externsteine 1–4 (Lemgo 1980–1983).

Kap. 4:

Mesopotamien:

Alfred Jeremias: Sterne (bei den Babyloniern). In: Ausführliches Lexikon der griechischen und römischen Mythologie, hrsg. von W. H. Roscher (Leipzig 1909) Sp. 1427–1500.

Hannes D. Galter (Hrsg.): Die Rolle der Astronomie in den Kulturen Mesopotamiens. Beiträge zum 3. Grazer Morgenländischen Symposion (23.-27. September 1991). Grazer Morgenländische Studien 3 (Graz 1993).

Lis Brack-Bernsen: Zur Entstehung der babylonischen Mondtheorie. Beobachtung und theoretische Berechnung von Mondphasen. Boethius 40 (Stuttgart 1997).

Noel M. Swerdlow: The Babylonian theory of the planets (Princeton, NJ 1998).

Ägypten:

Otto Neugebauer: Die Bedeutungslosigkeit der ‚Sothisperiode' für die älteste ägyptische Chronologie. Acta Orientalia 17, 1938, 169–195. Nachdruck in: Otto Neugebauer: Astronomy and History. Selected Essays (New York usw. 1983) 169–195.

Otto Neugebauer: On the Orientation of the Pyramids. Centaurus 24, 1980, 1–3. Nachdruck in: Otto Neugebauer: Astronomy and History. Selected Essays (New York usw. 1983) 211–213.

Rolf Krauss: Sothis- und Monddaten. Studien zur astronomischen und technischen Chronologie Altägyptens. Hildesheimer ägyptologische Beiträge 20 (Hildesheim 1985).

Rainer Stadelmann: Die ägyptischen Pyramiden. Vom Ziegelbau zum Weltwunder. 2. überarbeitete und erweiterte Auflage. Kulturgeschichte der antiken Welt 30 (Mainz 1991); zur Pyramidenmystik: 264–275.

Mashall Claggett: Ancient Egyptian Science. A Source Book. II. Calendars, Clocks, and Astronomy. Memoirs of the American Philosophical Society 214 (Philadelphia 1995).

Rolf Krauss: Astronomische Konzepte und Jenseitsvorstellungen in den Pyramidentexten. Ägyptologische Abhandlungen 59 (Wiesbaden 1997).

Griechenland:

Friedrich Hultsch: Astronomie (astronomía, astrología). In: Real-Encyclopädie der classischen Altertumswissenschaft 2 (Stuttgart 1896) Sp. 1828–1862.

van der Waerden 1988 (Astronomie).

Ekschmitt 1989 (Weltmodelle).

Otta Wenskus: Astronomische Zeitangaben von Homer bis Theophrast. Hermes Einzelschriften 55 (Stuttgart 1990).

Der Neue Pauly. Enzyklopädie der Antike. Altertum. Bd. 2, s. v. Astronomie (Stuttgart-Weimar 1997) Sp. 126–138 (Fritz Krafft u. Hermann Hunger).

Helga Köhler / Herwig Görgemanns / Manuel Baumbach (Hrsg.): „Stürmend auf finsterem Pfad ...“ Ein Symposion zur Sonnenfinsternis in der Antike. Heidelberger Forschungen 33 (Heidelberg 2000).

Klaus Pührer: Datierung nach Sonnenfinsternisvoraussagen. Diplomarbeit zur Erlangung des Magistergrades an der Geisteswissenschaftlichen Fakultät der Universität Salzburg, 2003.

Thomas Vogtherr: Zeitrechnung. Von den Sumerern bis zur Swatch. C. H. Beck Wissen (München 2001).

Ethnographisches:

Edwin C. Krupp: Skywatchers, Shamans & Kings. Astronomy and the Archaeology of Power (New York usw. 1997).

Außerirdische auf Erden:

Erich von Däniken: Erinnerungen an die Zukunft. Ungelöste Rätsel der Vergangenheit (Düsseldorf 1968).

Robert K. G. Temple: Das Siriusrätsel. Ullstein-Buch Nr. 35624 (Frankfurt/M.-Berlin 1996).

Kap. 5

Thiele 1898 (Himmelsbilder).

van der Waerden 1988 (Astronomie).

Ekschmitt 1989 (Weltmodelle).

Gundel 1992 (Zodiakos).

Stückelberger 1994 (Fachbuch).

Mithras:

Michael Speidel, Mithras-Orion. Greek Hero and Roman Army God. Études préliminaires aux religions orientales dans l'Empire romain 81 (Leiden 1980).

Reinhold Merkelbach: Mithras (Königstein/Ts. 1984).

Manfred Clauss: Mithras. Kult und Mysterien (München 1990).

David Ulansey: Die Ursprünge des Mithraskults. Kosmologie und Erlösung in der Antike (Stuttgart 1998).

Kap. 6:

Thiele 1898 (Himmelsbilder).

Franz Boll† /Wilhelm Gundel: Sternbilder, Sternglaube und Sternsymbolik bei Griechen und Römern. In: Roscher: Ausführliches Lexikon der griechischen und römischen Mythologie VI, Nachträge (Leipzig u. Berlin 1924–1937) Sp. 867–1071.

Verschiedene Autoren: Klaudios Ptolemaios, der Astronom und Geograph. In: Paulys Realencyclopädie der classischen Altertumswissenschaft (RE) (Stuttgart 1959) Sp. 1788–1859.

Ptolemäus. Handbuch der Astronomie. 2 Bde. Deutsche Übersetzung und erläuternde Anmerkungen von K. Manitius (1911). Vorwort und Berichtigungen von Otto Neugebauer (Leipzig 1963).

Paul Kunitzsch: Der Sternkatalog des Almagest I. Die arabischen Übersetzungen (Wiesbaden 1986). Der Sternkatalog des Almagest II. Die lateinische Übersetzung Gerhards von Cremona (Wiesbaden 1990). Der Sternkatalog des Almagest III. Gesamtkonkordanz der Sternkoordinaten (Wiesbaden 1991).

Ekschmitt 1989 (Weltmodelle).

Künzl 2000 (Himmelsglobus).

Thron Caesars:

Franz Boll: Beiträge zur Ueberlieferungsgeschichte der griechischen Astrologie und Astronomie. Sitzungsberichte der philos.-philologischen u. der historischen Classe der k.b. Akademie der Wissenschaften zu München 1899, I (München 1899) 77–140; hier 120–124.

Sternsummen:

Alfred Stückelberger: Sterngloben und Sternkarten. Zur wissenschaftlichen Bedeutung des Leidener Aratus. Museum Helveticum 47, 1990, 70–80.

Sphaera barbarica:

Franz Boll: Sphaera. Neue griechische Texte und Untersuchungen zur Geschichte der Sternbilder (Leipzig 1903).

Kap. 7:

Die Weltkarte des Ptolemaeus:

Stückelberger 1994 (Fachbuch).

J. Lennart Berggren/Alexander Jones: Ptolemy's Geography. An annotated translation of the theoretical chapters (Princeton/Oxford 2000).

Antike Himmelsgloben:

Thiele 1898 (Himmelsbilder).

Heinrich Vogt: Der Präzessionsglobus, ein chronologisches Werkzeug für Historiker und Philologen (Breslau 1912).

Schlachter† / Gisinger 1927 (Globus).

Gundel 1992 (Zodiakos).

Stückelberger 1994 (Fachbuch).

Künzl 2000 (Himmelsglobus).

Hélène Cuvigny: Une sphère céleste antique en argent ciselé. In: Gedenkschrift Ulrike Horak (P. Horak). Papyrologica Florentina 34 (Firenze 2004) 345–381.

Islamische und neuzeitliche Himmelsgloben:

Edward Luther Stevenson: Terrestrial and celestial globes, their history and construction including a consideration of their value as aids in the study of geography and astronomy. 2 Bde. Nachdr. New York-London 1971 (New Haven 1921).

Emilie Savage-Smith: Islamicate Celestial Globes: Their History, Construction, and Use. Smithsonian Studies in History and Technology 46 (Washington, D.C. 1985).

Peter E. Allmayer-Beck (Hrsg.): Modelle der Welt. Erd- und Himmelsgloben. Kulturerbe aus österreichischen Sammlungen (Wien 1997).

Armillarsphären und Astrolabium:

Friedrich Nolte: Die Armillarsphäre. Abhandlungen zur Geschichte der Naturwissenschaften und der Medizin, Heft 2 (Erlangen 1922).

Dela von Boeselager: Antike Mosaiken in Sizilien. Hellenismus und römische Kaiserzeit, 3. Jahrhundert v. Chr.–3. Jahrhundert n. Chr. Archaeologica 40 (Roma 1983) 56–60.

Alfred Stückelberger: Der Astrolab des Ptolemaios. Ein antikes astronomisches Messgerät. Antike Welt 29, 1998, 377–383.

Kap. 8:

Planisphären:

Gundel 1992 (Zodiakos).

Stückelberger 1994 (Fachbuch).

Salzburger Uhr und große Uhren:

Otto Benndorf / E. Weiss / A. Rehm: Zur Salzburger Bronzescheibe mit Sternbildern. Jahreshefte des Österreichischen Archäologischen Instituts 6, 1903, 32–49.

Hermann Diels: Antike Technik. Sieben Vorträge. 3. Aufl. (Berlin-Leipzig 1924) 213–219.

Joseph V. Noble/Derek J. de Solla Price: The Water Clock in the Tower of the Winds. American Journal of Archaeology 72, 1968, 345–355.

Ulrich Alertz: Das Horologium des Harûn al-Raschîd für Karl den Großen. In: Wolfgang Dressen, Georg Minkenberg u. Adam C. Oellers (Hrsg.): Ex oriente. Isaak und der weiße Elefant. Bagdad-Jerusalem-Aachen. Eine Reise durch drei Kulturen um 800 und heute. Band 1. Die Reise des Isaak. Bagdad (Aachen 2003) 239–249.

Klepshydra:

Dagmar Stutzinger: Museum für Vor- und Frühgeschichte – Archäologisches Museum – Frankfurt am Main. Eine römische Wasserauslaufuhr (Frankfurt am Main 2001).

Obelisken und Globen:

Ernest Nash: Obelisk und Circus. Vortrag, gehalten im Januar 1956 im Deutschen Archäologischen Institut Rom. Römische Mitteilungen 64, 1957, 232–259.

Ernst Batta: Obelisken. Ägyptische Obelisken und ihre Geschichte in Rom. Insel Taschenbuch 765 (Frankfurt am Main 1986).

Cesare d'Onofrio: Gli obelischi di Roma. Storia e urbanistica di una città dall'età antica al XX secolo (Roma 1992).

Sonnenuhren und Meridiane:

Sharon L. Gibbs: Greek and Roman Sundials. Yale Studies in the History of Science and Medicine 11 (New Haven-London 1976).

Edmund Buchner: Solarium Augusti und Ara Pacis. Römische Mitteilungen 83, 1976, 319–365; ders.: Horologium Solarium Augusti. Vorbericht über die Ausgrabungen 1979/1980. Römische Mitteilungen 87, 1980, 355–373.

Edmund Buchner: Die Sonnenuhr des Augustus. Nachdruck Röm. Mitt. 83, 1976 und 87, 1980 sowie Nachträge. Kulturgeschichte der antiken Welt, Sonderband (Mainz 1982).

Michael Schütz: Zur Sonnenuhr des Augustus auf dem Marsfeld. Eine Auseinandersetzung mit E. Buchners Rekonstruktion und seiner Deutung der Ausgrabungsergebnisse, aus der Sicht eines Physikers. Gymnasium 97, 1990, 432–457.

Karlheinz Schaldach: Römische Sonnenuhren. Eine Einführung in die antike Gnomonik (Thun u. Frankfurt am Main 1998).

Kalender:

Werner Kubitschek: Grundriß der antiken Zeitrechnung. Handbuch der Altertumswissenschaft I 7 (München 1927).

Antikythera:

Derek J. de Solla Price: Gears from the Greeks. The Antikythera Mechanism – a Calendar Computer from ca. 80 B.C. (New York 1975).

Max Detlefsen: Die astronomische Uhr von Antikythera. Das Altertum 21, 1975, 182–189.

Antike griechische Technologie. Eine Annäherung mit nachgebildeten Konstruktionen aus dem erstaunlichen Werk der altgriechischen Meister. Ausgabe im Rahmen der Weltausstellung „Expo 2000" <Hannover> (Thessaloniki 2000) 44–45.

Kap. 9:

Schlachter† / Gisinger 1927 (Globus).

Andreas Alföldi: Insignien und Tracht der römischen Kaiser. Römische Mitteilungen 50, 1935, 3–158 (abgedruckt in: Die monarchische Repräsentation im römischen Kaiserreiche [Darmstadt 1970] 121–276).

Percy E. Schramm: Sphaira, Globus, Reichsapfel. Wanderung und Wandlung eines Herrschaftszeichens von Caesar bis Elisabeth II. (Stuttgart 1958).

Tonio Hölscher: Victoria Romana. Archäologische Untersuchungen zur Geschichte und Wesensart der römischen Siegesgöttin von den Anfängen bis zum Ende des 3. Jhs. n. Chr. (Mainz 1967).

Michael Schütz: Der Capricorn als Sternzeichen des Augustus. Antike und Abendland 37, 1991, 55–67.

Rolf M. Schneider: Roma Aeterna – Aurea Roma. Der Himmelsglobus als Zeitzeichen und Machtsymbol. In: Jan Assmann/Ernest W. B. Hess-Lüttich (Hrsg.): Kult, Kalender und Geschichte. Semiotisierung von Zeit als kulturelle Konstruktion. Kodikas/Code. Ars Semeiotica 20, 1997, 104–133.

Kap. 10:

Qusayr 'Amra:

Fritz Saxl: The Zodiac of Qusayr 'Amra. In: K. A. C. Creswell: Early Muslim Architecture. Umayyads A.D. 622–750. Vol. I Part II (Oxford 1969) 424–431.

As-Sufi:

Gotthard Strohmaier: Die Sterne des Abd ar-Rahman as-Sufi (Leipzig u. Weimar 1984).

Hemisphären und Planisphären:

Fritz Saxl: Verzeichnis astrologischer und mythologischer illustrierter Handschriften des lateinischen Mittelalters in römischen Bibliotheken. Sitzberichte der Heidelberger Akademie der Wissenschaften, Philosoph.-histor. Klasse. Abh. 1915 6.7 (Heidelberg 1915).

Fritz Saxl: Verzeichnis astrologischer und mythologischer illustrierter Handschriften des lateinischen Mittelalters II: Die Handschriften der National-Bibliothek in Wien. Sitzber. Akad. d. Wiss, Heidelberg (Heidelberg 1915).

Fritz Saxl / H. Meier / H. Bober: Verzeichnis astrologischer und mythologischer illustrierter Handschriften des lateinischen Mittelalters, III in englischen Bibliotheken (London 1953).

Aratea. Sternenhimmel in Antike und Mittelalter. Schnütgen-Museum, Köln 1987.

Gundel 1992 (Zodiakos).

Stückelberger 1994 (Fachbuch).

Mechthild Haffner: Ein antiker Sternbilderzyklus und seine Tradierung in Handschriften vom Frühen Mittelalter bis zum Humanismus. Untersuchungen zu den Illustrationen der „Aratea" des Germanicus. Studien der Kunstgeschichte 114 (Hildesheim 1997).

Künzl 2000 (Himmelsglobus).

Sternenmantel:

Robert Eisler: Weltenmantel und Himmelszeit. Religionsgeschichtliche Untersuchungen zur Urgeschichte des antiken Weltbildes (München 1910).

Percy E. Schramm / Florentine Mütherich: Denkmale der deutschen Könige und Kaiser. Ein Beitrag zur Herrschergeschichte von Karl dem Großen bis Friedrich II. 768–1250. Veröffentlichungen des Zentralinstituts für Kunstgeschichte in München 2 (München 1962) Nr. 130.

Renate Baumgärtel-Fleischmann: Ausgewählte Kunstwerke aus dem Diözesanmuseum Bamberg (Bamberg 1983; 2. überarb. Aufl. 1992) 12–14.

Index

Die Sternbildnamen sind im Index nach den deutschen Namen aufgeführt; der Leser findet in Tabelle 2 auf S. 62/63 einen Überblick über die lateinischen Namen.

Abbbildungsnachweis

RGZM = Römisch-Germanisches Zentralmuseum Mainz

1,1 B. H. Bürgel: Aus fernen Welten. Eine volkstümliche Himmelskunde (Berlin 1920) 331 Abb. 242. – 1,2 J. B. Giard: Bibliothèque Nationale. Catalogue des Monnaies de l'Empire Romain I (Paris 1976) Nr. 555. – 1,3 München, Staatliche Münzsammlung. – 1,4 G. Bovini: Mosaiken aus Ravenna. Ausstellung Berlin (Berlin o. J. [1979]) Abb. 19. – 1,5 Gundel 1992 (Zodiakos) 16. – 1,6 Jörg Wagner, Tübingen. – 1,7 JörgWagner, Tübingen. – 1,8 G. Daressy: L'Égypte céleste. Bull. Inst. Archéol. Orient (BIAO) 12, 1916, Taf. 2. – 1,9 Archéologia 71, 1974, 29. – 1,10 F. Sakoian/L. S. Acker: Das große Lehrbuch der Astrologie. Wie man Horoskope stellt und nach neuesten wissenschaftlichen Erkenntnissen Charakter und Schicksal deutet (München-Zürich 1979) 16 Abb. 3. – 1,11 Genf, Musée d'Art et d'Histoire (Foto: I. Cervi-Brunier) – 1,12 RGZM. – 1,13 Verf. – 1,14 A. Delatte: Études sur la magie grecque I. Sphère magique du Musée d'Athènes. Bull. Corr. Hell. 37, 1913, Taf. 2/3. – 1,15 Harlan J. Berk Ltd., Chicago, 14. Nov. 1996, Nr. 701. – 1,16 Wien, Kunsthistorisches Museum, Antikensammlung. – 1,17 Verf. – 2,1 Verf. – 2.2 H. J. Störig: Knaurs Buch der modernen Astronomie (München-Zürich 1972) 21. – 2,3 G. D. Roth: Sterne + Planeten. Sterne erkennen – Sterne beobachten. BLV Himmelsführer (München-Bern-Wien 1975) 23. – 2,4 H. J. Störig: Knaurs Buch der modernen Astronomie (München-Zürich 1972) 24. – 2,5 H. J. Störig: Knaurs Buch der modernen Astronomie (München-Zürich 1972) 23. – 2,6 J. W. Ekrutt: Der Kalender im Wandel der Zeiten. 5000 Jahre Zeitrechnung. Kosmos-Bibliothek 274 (Stuttgart 1972) 17 Bild 5. – 2,7 Gundel 1992 (Zodiakos) 24 Abb. 4. – 2,8 G. D. Roth: Sterne + Planeten. Sterne erkennen – Sterne beobachten. BLV Himmelsführer (München-Bern-Wien 1975) 28. – 2,9 Umzeichnung RGZM nach J. Klepešta: Taschenatlas der Sternbilder (8. Aufl. Hanau/Main 1986) 58 Abb. 7, mit Veränderungen des Verf. – 2,10 Umzeichnung RGZM, nach Nachtleuchtende Sternkarte für jedermann (Stuttgart 1981), mit Veränderungen des Verf. – 2,11 H. J. Störig: Knaurs Buch der modernen Astronomie (München-Zürich 1972) 25. – 2,12 J. Klepešta: Taschenatlas der Sternbilder (8. Aufl. Hanau/Main 1986) 70 Abb. 17. – 2,13 H. J. Störig: Knaurs Buch der modernen Astronomie (München-Zürich 1972) 33.– 3,1 M. A. Rappenglück: Eine Himmelskarte aus der Eiszeit? (Frankfurt am Main usw. 1999), Umschlagbild. – 3,2 J. Petrasch: Religion in der Jungsteinzeit. Glaube, der die Gemeinschaft zusammenhält. In: Menschen – Zeiten – Räume. Archäologie in Deutschland (Stuttgart 2002) 145 Abb. 8. – 3,3 Wolfgang Korn, Hannover. – 3,4 R. Müller: Der Himmel über dem Menschen der Steinzeit (Berlin usw. 1970) 52 Abb. 26. – 3,5 D. Vornholz: Kalender der Steinzeit. Praxis Geschichte Nov. 6/1999, 10 Abb.1. – 3,6 Wolfgang Korn, Hannover. – 3,7 Verf. 2003 – 3,8 D. Vornholz: Kalender der Steinzeit. Praxis Geschichte Nov. 6/1999, 11 Abb. 2–3. – 3,9 RGZM. – 3,10 RGZM. – 3,11 P. Schauer: Goldene Kultdenkmäler der Bronzezeit (Mainz 1985) Farbtafel VI oben links. – 3,12 Aquarell: Heike Wolf von Goddenthow, Wiesbaden. – 3,13 Verf. – 3,14 Verf. – 3,15 R. Müller: Der Himmel über dem Menschen der Steinzeit (Berlin usw. 1970) 145 Abb. 78. – 3,16 Foto c/o Thomas Zimmermann, Ankara. – 4,1 H. Brinker: Vom Ursprung des Menschenbildes in der chinesischen Kunst. In: Das Alte China. Menschen und Götter im Reich der Mitte. 5000 v. Chr.-220 n. Chr. (Essen 1995) 19 Abb. 2a. – 4,2 RGZM CD 93/189 (Volker Iserhardt). – 4,3 W. Müller/G. Vogel: dtv-Atlas zur Baukunst I (München 1974) 124. – 4,4 akg-images, Berlin. – 4,5 Wolfgang Korn, Hannover. – 4,6 W. Müller/G. Vogel: dtv-Atlas zur Baukunst I (München 1974) 98. – 4,7 J. W. Ekrutt: Der Kalender im Wandel der Zeiten. 5000 Jahre Zeitrechnung. Kosmos-Bibliothek 274 (Stuttgart 1972) 25 Bild 9. – 4,8 A.-S. von Bomhard: The Egyptian Calendar. A work for eternity (London 1999) 53 Abb. 36. – 4,9 P. Connolly: Die Welt des Odysseus (Hamburg 1986) 39. – 4,10 Berlin, Staatliche Museen, Antikensammlung F 2294 (Foto: J. Laurentius). – 4,11 J. N. Coldstream/G. L. Huxley: An astronomical graffito from Pithekoussai. La Parola del Passato 288, 1996, 221 Fig. 1. – 4,12 Großer Historischer Weltatlas. Herausgegeben vom Bayerischen Schulbuch-Verlag I. Teil. Vorgeschichte und Altertum. 2. Aufl. (München 1954) 8c. – 5,1 RGZM. – 5,2 E. Künzl: Praxis Geschichte 4, 2000, 7 Abb. 2. – 5,3 Großer Historischer Weltatlas. Herausgegeben vom Bayerischen Schulbuch-Verlag I. Teil. Vorgeschichte und Altertum. 2. Aufl. (München 1954) 8d. – 5,4 Stückelberger 1994 (Fachbuch) 22 Abb. 9. – 5,5 A. Hemberger: Praxis Geschichte 4, 2000, 53 Abb. 3. – 5,6 Andreas Cellarius: Harmonia macrocosmica (1661). – 5,7 Kurpfälzisches Museum Heidelberg (Foto E. Kemmet). – 5,8 Universität Innsbruck. Institut für Klassische und Provinzialrömische Archäologie, Archiv. – 5,9 Verf. – 5,10 Verf. – 5,11 Wien, Kunsthistorisches Museum, Antikensammlung. – 5,12 New York, Metropolitan Museum. – 6,1 RGZM CD 96/12 (Foto: Volker Iserhardt). – 6,2 Verf. – 6,3 Anderson 23045. – 6,4 Verf. – 6,5 Verf. – 6,6 Umzeichnung Julia Ribbeck, RGZM. – 6,7 Thiele 1898 (Himmelsbilder) 27 Fig. 5. – 6,8 Thiele 1898 (Himmelsbilder) Taf. III oben. – 6,9 Umzeichnung Julia Ribbeck, RGZM. – 6,10 G. Tabarroni: La posizione degli equinozi sulla sfera dell'Atlante Farnese. Coelum Bd. 24, Jg. 26, Nov.-Dic. 1956, 172 Fig. 1/2. – 6,11 Zeichnung Julia Ribbeck, RGZM. – 6,12 Umzeichnung Julia Ribbeck, RGZM. – 6,13 Gundel 1992 (Zodiakos) Nr. 43 Taf. 1. – 6,14 G. Strohmaier, Die Sterne des Abd ar-Rahman as-Sufi (Leipzig u. Weimar 1984) 89. – 6,15 van der Waerden 1988 (Astronomie) 25 Abb. 6. – 6,16 Paris, Louvre. – 7,1 RGZM. – 7,2 RGZM. – 7,3 RGZM. – 7,4 H. Cuvigny: Une sphère céleste antique en argent ciselé. In: Gedenkschrift Ulrike Horak (P. Horak). Papyrologica Florentina 34 (Firenze 2004) 345–381 Farbabb. IX. – 7,5 Berlin, Staatliche Museen, Antikensammlung. – 7,6 Deutsches Archäologisches Institut Athen, Thess. 6. – 7,7 Württembergisches Landesmuseum Stuttgart Inv. 1.83, Foto Ant. 3289. – 7,8 Paolo Liverani, Vatikanstadt. – 7,9 Florenz, Istituto e Museo di Storia della Scienza Inv. 2712 (Foto: Franca Principe). – 7,10 R. Schmid, Wien, 1999. – 7,11 A. Stückelberger: Der Astrolab des Ptolemaios. Ein antikes astronomisches Messgerät. Antike Welt 29, 1998, 377 Abb. 3. – 8,1 Stückelberger 1994 (Fachbuch) 39 Abb. 16. – 8,2 Burgerbibliothek Bern. – 8,3 Staatsbibliothek München. – 8,4 RGZM. – 8,5 O. Benndorf, E. Weiss u. A. Rehm: Zur Salzburger Bronzescheibe mit Sternbildern. Jahreshefte des Österreichischen Archäologischen Instituts 6, 1903, 32–49; hier Fig. 18. – 8,6 W. Dressen/G. Minkenberg/A.C. Oellers (Hrsg.): Ex oriente. Isaak und der weiße Elefant. Bagdad–Jerusalem–Aachen. Eine Reise durch drei Kulturen um 800 und heute. Band 1. Die Reise des Isaak. Bagdad (Aachen 2003) 242. – 8,7 Verf. – 8,8 E. Nash: Obelisk und Circus. Römische Mitteilungen 64, 1957, 232–259; hier Taf. 49,1. – 8,9 Rekonstruktion Julia Ribbeck, RGZM. – 8,10 E. Buchner: Solarium Augusti und Ara Pacis. Römische Mitteilungen 83, 1976, 353 Abb. 13/14. – 8,11 Verf. – 8,12 Kassel, Museum für Astronomie und Technikgeschichte. – 9,1 A. Héron de Villefosse: Le trésor de Boscoreale. Monuments Piot 5, 1899, 7–20; hier Taf. 31,1. – 9,2 T. Hölscher: Victoria Romana. Archäologische Untersuchungen zur Geschichte und Wesensart der römischen Siegesgöttin von den Anfängen bis zum Ende des 3. Jhs. n. Chr. (Mainz 1967) Taf. 1, 3. – 9,3 Verf. – 9,4 Verf. – 9,5 Verf. – 9,6 Deutsches Archäologisches Institut Rom 38.1320. (Einschubbild: Deutsches Archäologisches Institut Rom 8432). – 10,1 Wien, Staatsbibliothek – 10,2 Biblioteca Apostolica Vaticana. – 10,3 Bibliothèque Municipale, Boulogne-sur-Mer. – 10,4 London, British Museum. – 10,5 National Library Wales. – 10,6 Biblioteca Apostolica Vaticana. – 10,7 O. Benndorf, E. Weiss u. A. Rehm: Zur Salzburger Bronzescheibe mit Sternbildern. Jahreshefte des Österreichischen Archäologischen Instituts 6, 1903, 36 Abb. 17. – 10,8 RGZM T 63/3296. – 10,9 Leiden, Universiteitsbibliotheek. – 10,10 Bamberg, Domschatz, Diözesanmuseum. – 10,11 Leiden, Universiteitsbibliotheek. – 10,12 Burgerbibliothek Bern. – 10,13 Bernard Andreae: Römische Kunst (Freiburg i. Br. usw. 1973) 105. – 10,14 Bamberg, Domschatz, Diözesanmuseum.